应急安全救援通论

主　编　路　明　王文利
副主编　姚　明　李　乾
参　编　李　妍　田　凯　梁　冉
　　　　闫利双　许　永　张新宇
　　　　谷佳琦　王玉婷　李　波

中国商业出版社

图书在版编目(CIP)数据

应急安全救援通论/ 路明，王文利主编.—— 北京：中国商业出版社，2023.6
ISBN 978－7－5208－2035－6

Ⅰ.①应… Ⅱ.①路… ②王… Ⅲ.①突发事件－救援－普及读物 Ⅳ.①X928.04－49

中国版本图书馆 CIP 数据核字(2022)第 046526 号

责任编辑:李 飞
(策划编辑:蔡 凯)

中国商业出版社出版发行
(www.zgsycb.com 100053 北京广安门内报国寺 1 号)
总编室:010－63180647 编辑室:010－83114579
发行部:010－83120835/8286
新华书店经销
北京军迪印刷有限责任公司印刷

*

787 毫米×1092 毫米 16 开 13.25 印张 260 千字
2023 年 6 月第 1 版 2023 年 6 月第 1 次印刷
定价:58.00 **元**

* * * *

(如有印装质量问题可更换)

前 言

当今社会，我国的防灾救灾工作条块分割，一直实行的是单一灾种的救援模式，地震、消防、公安、交通、卫生、防汛等许多部门根据职责分工，都有各自的防灾救灾指挥机构、方案和救援队伍。而人们对于这样的意识还不够清楚，对于急救知识的了解的重视程度也不高，知识掌握较为匮乏。所以应为他们总结一套较为系统、翔实、容易掌握的通识教材，从学习者的视角着手，去了解与认识他们在急救方面的不足，并弥补他们的欠缺，从而掌握相关的急救知识，加强对突发事件的处理能力。本书较系统地介绍了应急救援的基本知识以及自然灾害、事故灾难、突发公共卫生事件、社会安全突发事件、意外伤害、一般应急救护等相关知识，对于提高学习者的自身安全意识及安全救援技能具有较好的作用。通过学习可根据制定的自然灾害的应急救援基础知识、事故灾难的应急救援基础知识、公共卫生事件的应急救援基础知识、社会安全突发事件的应急救援基础知识，掌握处理突发事件的方法和应对措施。一旦重点事故灾害发生，能够做到临危不乱，高效迅速做出应急反应。在此基础上切实改变“重视救灾、轻视防灾”的传统理念和做法，牢固树立起预防为主的理念，而不是把注意力放在事后处置。来应对风险的新观念；应用灾害经济学的“十分之一”法则，居安思危，防微杜渐。

目 录

第一章　应急救援概述 ……………………………………………… (1)
第一节　突发事件概述 ……………………………………………… (2)
第二节　应急救援的概念 ………………………………………… (8)
第三节　应急救援管理体系 ……………………………………… (11)
第四节　应急救援与应急管理 …………………………………… (14)
第五节　世界上主要发达国家的应急救援体系 ……………… (16)
第六节　我国应急救援体系现状 ………………………………… (21)
第二章　自然灾害的应急救援基础知识 ……………………… (25)
第一节　自然灾害概述 …………………………………………… (26)
第二节　各类自然灾害的应急救援 ……………………………… (32)
第三节　学校地震应急预案 ……………………………………… (38)
第三章　事故灾难的应急救援基础知识 ……………………… (43)
第一节　安全生产事故的应急救援 ……………………………… (44)
第二节　道路交通事故的应急救援 ……………………………… (49)
第三节　民用航空、海上、铁路事故的应急救援 …………… (52)
第四节　公共设施和设备事故的应急救援 …………………… (57)
第五节　环境污染与生态破坏事故的应急救援 ……………… (59)
第六节　危险化学品泄漏事故的应急救援 …………………… (62)
第七节　学校火灾应急预案 ……………………………………… (65)

第四章 突发公共卫生事件的应急救援基础知识 …………………………… (69)
第一节 突发公共卫生事件概述 ………………………………………… (70)
第二节 重大传染病疫情的应急救援 …………………………………… (72)
第三节 重大动物疫情的应急救援 ……………………………………… (74)
第四节 食品安全事件的应急救援 ……………………………………… (77)
第五节 核与放射突发事件的应急救援 ………………………………… (79)
第六节 学校疫情防控应急预案 ………………………………………… (81)
第五章 社会安全突发事件的紧急救援基础知识 …………………………… (86)
第一节 恐怖袭击事件的紧急救援 ……………………………………… (87)
第二节 金融突发事件的紧急救援及应对措施 ………………………… (90)
第三节 涉外突发事件的紧急救援及应对措施 ………………………… (93)
第四节 群体性突发事件的紧急救援及应对措施 ……………………… (97)
第五节 网络群体性事件的紧急救援及应对措施 ……………………… (99)
第六节 公共聚集场所突发事件的紧急救援及应对措施………………… (101)
第七节 社会安全突发公共事件应急预案………………………………… (104)
第六章 意外伤害现场的应急救援基础知识………………………………… (113)
第一节 急性中毒的应急救援……………………………………………… (114)
第二节 动物性伤害的应急救援…………………………………………… (117)
第三节 中暑的应急救援…………………………………………………… (121)
第四节 电击伤的应急救援………………………………………………… (124)
第五节 烧烫伤的应急救援………………………………………………… (127)
第六节 淹溺的应急救援…………………………………………………… (130)
第七节 冻伤的应急救援…………………………………………………… (132)
第八节 学校触电事故的应急预案………………………………………… (135)

第七章　一般应急救护基础知识 …………………………………………………… (138)

第一节　基础生命支持………………………………………………………………… (139)

第二节　检伤分类……………………………………………………………………… (143)

第三节　脊柱创伤处置………………………………………………………………… (152)

第四节　基础创伤处置………………………………………………………………… (158)

第五节　公共卫生管理………………………………………………………………… (165)

第六节　心理危机干预………………………………………………………………… (170)

第八章　一般应急救援基础知识 …………………………………………………… (178)

第一节　绳索…………………………………………………………………………… (179)

第二节　担架…………………………………………………………………………… (187)

第三节　伤员的徒手搬运……………………………………………………………… (195)

第四节　救援环境中的移动方法……………………………………………………… (200)

参考文献 ……………………………………………………………………………… (202)

第一章　应急救援概述

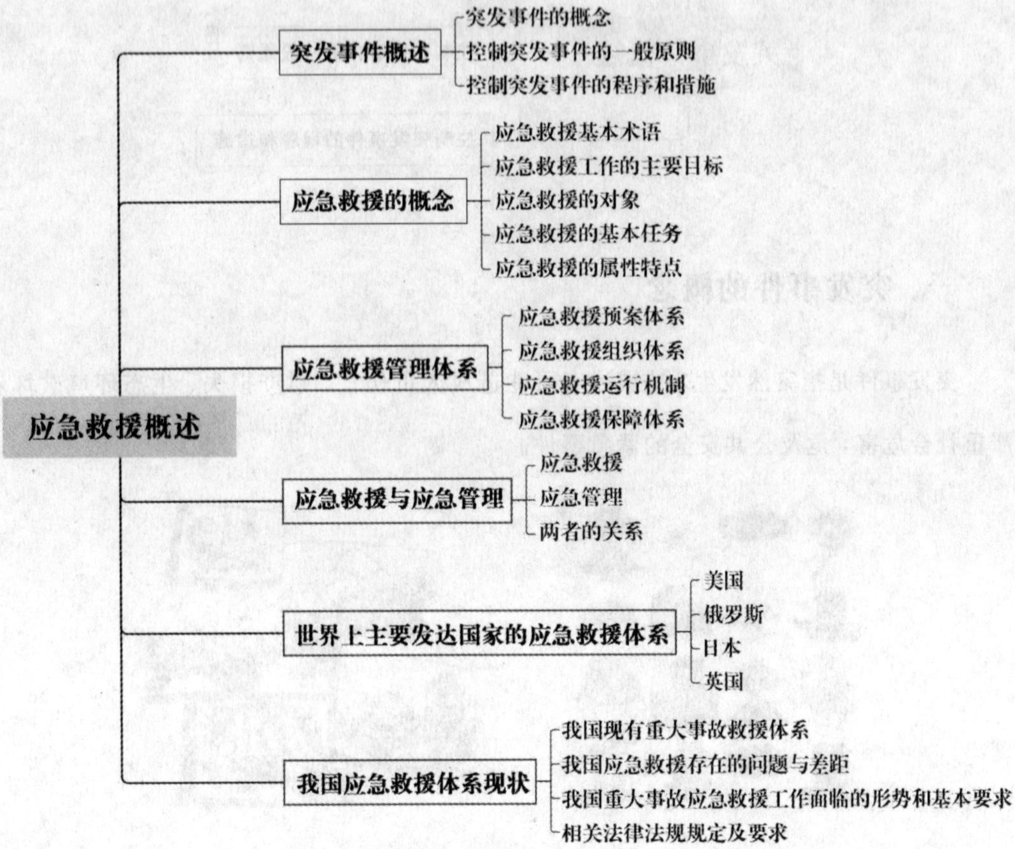

【学习目标】

1.掌握应急救援的概念、应急救援管理体系、应急救援与应急管理的内涵。

2.理解控制突发事件的一般原则、程序和措施。

3.了解世界主要发达国家及我国应急救援体系现状。

第一节　突发事件概述

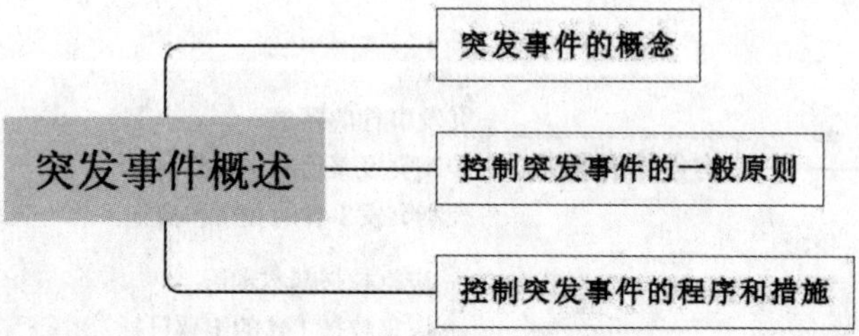

一、突发事件的概念

突发事件是指突然发生，造成或者可能造成人员伤亡、财产损失、生态环境破坏和严重社会危害，危及公共安全的紧急事件。

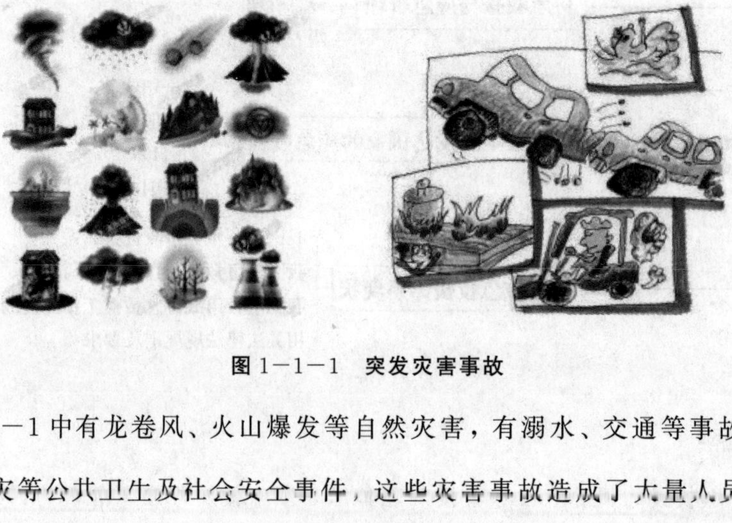

图 1—1—1　突发灾害事故

图 1—1—1 中有龙卷风、火山爆发等自然灾害，有溺水、交通等事故灾难，有疫情、森林火灾等公共卫生及社会安全事件，这些灾害事故造成了大量人员伤亡、财产损失、生态环境破坏和严重社会危害，危及公共安全，属于突发事件，需要采取应急处置措施予以应对。

二、控制突发事件的一般原则

1.有效控制危机和最小代价原则；

2.把突发事件的预防控制放在突出位置的原则；

3.对公民权利依法予以限制和保护相统一的原则；

4.建立统一领导、分级负责与综合协调的突发事件应对机制原则。

三、控制突发事件的程序和措施

我国《突发事件应对法》明确规定，自然灾害、事故灾害、公共卫生事件和社会安全事件发生后，履行统一领导职责的人民政府可以采取以下救援处置措施：

（1）组织营救和救治受害人员，疏散、撤离、妥善安置受到威胁的人员以及采取其他救助措施；

（2）迅速控制危险源，标明危险区域，封锁危险场所，划定警戒区，实行交通管制以及其他控制措施；

（3）立即抢修被损坏的交通、通信、供水、排水、供电、供气、供热等公共设施，向受到危害的人员提供避难场所和生活必需品，实施医疗救护和卫生防疫以及其他保障措施；

（4）禁止或限制使用有关设备、设施，关闭或限制使用有关场所，中止人员密集的活动，或者可能导致危害扩大的生产经营活动以及采取其他保护措施；

（5）启用本级人民政府设置的财政预备费和储备的紧急救援物资，必要时调用其他急需物资、设备、设施、工具；

（6）组织公民参加紧急救援和处置工作，要求具有特定专长的人员提供服务，保障食品、饮用水、燃料等基本生活必需品的供应。

练一练

1.填空

突发事件是指__________，造成或者可能造成__________、__________、__________和__________，危及公共安全的紧急事件。

2.简述控制突发事件的一般原则是什么？

阅读链接

根据国务院新闻办公室和中国地震局的公布数据，2008 年 5 月 12 日 14 时 28 分，四川省汶川县发生的 8 级地震，就属于突发事件的一种。这次地震共造成了 6.9 万多人死亡、3.7 万多人受伤、1.7 万余人失踪和巨大的财产损失。汶川地震作为一种突发性自然灾害，其特征有：①突发性：地震是突然发生的，事先没有明显的征兆，身处地震中的人往往猝不及防。②紧急性：地震使大量人员受伤或被埋，生命垂危，急需求助，可以说时间就是生命。③破坏性：众所周知，地震具有巨大的破坏性，人的生命和财产将在地震中遭受巨大的损失。④持续性：地震发生后的一段时间内，仍伴有余震出现。⑤可控性：地震发生后，如果及时采取有效措施，可将其危害减至最低，大大减少人员伤亡和财产损失。⑥机遇性：汶川地震虽然伤亡惨重，但它有利于公众防震安全意识的提高，提高政府的救灾应急能力，促进政治体制改革。

图 1—1—2 四川省汶川县发生的 8 级地震

一、地震应急管理分为以下三个过程

（一）监测防范阶段

地震作为一种自然灾害，它的破坏性巨大，如能作好研究、监测和预报工作，必能较大限度降低地震的损失程度。首先，加大对地震研究的投入，由地震局专业技术人员负责对地震实时监测。其次，政府职能部门在信息研判、决策咨询的基础上制定地震预案，明确各部门的职责、任务、权限，使各部门迅速、紧张、有序地开展工作，各司其职、各负其责，协同配合，充分发挥整体作战的优势。再次，预案制定后，要组织实施，反复演练，以检验预案的实际效果。最后，我国是一个地震多发国家，因此，有必要在广大群众中加大地震知识的宣传，传授地震中的逃生技能，提高全社会安全意识。

（二）识别控制阶段

科学收集和分析各种信息，第一时间识别突发事件，地震发生前往往有一些征兆，据《华西都市报》报道，如汶川地震前几天有人看到公路上有大量的蛤蟆迁徙、池塘里的水突然干涸等。突发事件发生后，要注意构筑防止突发事件进一步扩散的“防火墙”，例如地震发生后，应立即组织部队、医务人员进入灾区救人，调集饮水、食品、帐篷等生活必需品供应灾民，由公安民警维护现场秩序，防止受灾群众哄抢，防止突发事件进一步恶化。

（三）综合处理阶段

1.启动应急预案，实行全方位处理。地震发生后，在党中央、国务院的号召下，数万军民日夜奋战在抢救灾民第一线。在后方，从政府部门到每个普通公民，除积极捐款捐物之外，都踊跃献血。充分利用社会自救机制，让富有经验的民间救助组织尽快进入灾情已经稳定的区域，展开社会救援工作。紧急调运各种物资，满足灾区人民生活所需，防止因物资匮乏导致哄抢而破坏社会秩序。

2.处理好决策与执行、与管理对象、与其他参与者、与媒体的关系。汶川地震发生后，政府及时通过电视、广播等新闻媒体向公众通报了地震灾情，让群众了解地震真相及政府采取的措施，有利于灾民与政府齐心协力抗震救灾。

3.对受害者及家属进行妥善安置。对在地震中的伤者由国家免费进行救治，死亡人员由国务院发给5000元抚恤金。妥善处理遗体，并保留DNA以供辨认，体现了人道主义精神，给生者以精神上的抚慰；设立临时住所，为在地震中失去家园者提供一个栖身之处。

二、地震应急管理基本原则

（一）重在预防的原则

切实改变“有钱救灾、无钱防灾”的传统理念和做法；牢固树立起花少量的钱来预防，而不是花大量的钱来治疗、应对风险的新观念；应用灾害经济学的“十分之一”法则，居安思危，防微杜渐。

预防的措施有：

1.做好地震研究等基础性工作，搞好地震预测，开展风险调查、隐患分析，尽量把灾害与危机消除在萌芽状态。

2.制定好科学周密的应急预案并进行预演。做好应对危机时的物资、技术、信息、人员等战略储备，如储备饮用水、食品、药品、帐篷、防护器材，对专业人员和志愿者进行训练。

3.提高避险、自救、互救和防灾减灾的能力。在地震中，社会公众不是应急处置的主体，而是可能受到伤害的对象，对公众的训练应当着重于风险意识的培养和在紧急情况下逃生方法的掌握与自救能力的提高。

（二）快速反应的原则

无论是地震、海啸等自然灾害，还是火灾、核泄漏等突发灾难性事件与恐怖袭击事件等，都会对人民群众的生命和财产安全以及正常的社会秩序构成严重威胁。而且灾难性事故和事件所具有的突发性、连带性和不确定性等特点，决定了在现场处置过程中任何时间上的延误都有可能加大应急处置工作的难度，以至于使灾难的损失扩大，引发更为严重的后果。所以，快速反应原则是应急管理中的首要原则。必须在事发的第一时间内作出反应，以最快的速度和最高的效率进行现场控制。

1.立即报告。发现地震发生的人员应当及时将事件报告当地政府，以便政府能及时采取应对措施，调动最大的社会资源，投入抢险救灾，将损失降到最低。

2.有的允许越级报告。地震后的72小时为黄金救援时间段，为了抢救生命，排除危险，使工作更有时效性，应允许越级上报。从汶川地震中我们不难发现，很多震区的政府机构由于受地震影响处于瘫痪状态，一部分政府工作人员也被埋地下，处境危险。在这种情况下，层层报批是不现实的。

3.及时核查。政府接到有关地震的报告后，要立即组织专业人员核实，查清地震来龙去脉。

4.限定时间处置。地震发生后，政府要组织疏散人群，避免因余震的发生再次造成伤亡。同时，要立刻动员组织救援队伍，根据地震救灾的常识，地震发生后72小时是救援的黄金时间。错过这个时间，被埋在废墟下的受害者极可能因失血、剧烈疼痛、饮水食品缺乏、精神高度紧张等而丧命。汶川地震发生后，温家宝总理第一时间下达了死命令，要求在当晚修好到坍塌的汶川的公路，使救援人员能够尽快进入受灾现场。同时调集十几万部队进入灾区救灾。

5.果断决策。汶川地震发生以后，国务院总理温家宝亲临一线，在震后仅仅几个小时就已经坐镇灾区，而在中国地震救灾的前四天里，温家宝几乎是把大半个国务院搬到了四川。他马不停蹄地指挥、调度、慰问。总理的到场有助于提高应变效率、争取黄金时间、督促地方官员、当机立断现场拍板解决实际问题。

（三）以人为本的原则

应急管理的首要目标是保障公民生命安全，减少人员的伤亡。汶川地震发生后，受灾总人数达到1000万人，对受害者的打击不仅体现在生理上，也体现在心理和精神层面上。应急处置部门和人员在全力求助受害者、及时抢救护送危重伤员、救援受困群众的同时还要注意对幸存者和亲历者进行适时的心理辅导，帮助他们走出阴影。这样可以减少人员伤亡，避免事态恶化，消除恐慌心理，缓解应急处置。

第二节 应急救援的概念

- 应急救援的概念
  - 应急救援基本术语
    - 应急
    - 应急救援
  - 应急救援工作的主要目标
  - 应急救援的对象
    - 应急管理的客体
    - 八大领域
  - 应急救援的基本任务
  - 应急救援的属性特点

一、基本术语

应急：对突发险情、事故、事件等采取措施或行动，进行应对处置。

应急救援：在应急响应过程中，为消除、减少事故、事件危害，防止事故、事件扩大或恶化，最大限度地降低事故、事件造成的损失或危害而采取的救援措施或行为。

图 1－2－1　鄂尔多斯一建筑工地发生坍事故的救援

图 1－2－2　云南盐津山体滑坡消防驰援

二、应急救援工作的主要目标

1.控制紧急事件发生与扩大；

2.开展有效救援，减少损失和迅速组织恢复正常状态。

三、应急救援的对象

突发性和后果与影响严重的事故、灾害与事件。

应急管理的客体主要是突发事件，包括自然灾害、事故灾难、公共卫生事件、社会安全事件。

其主要来源于以下八大领域：

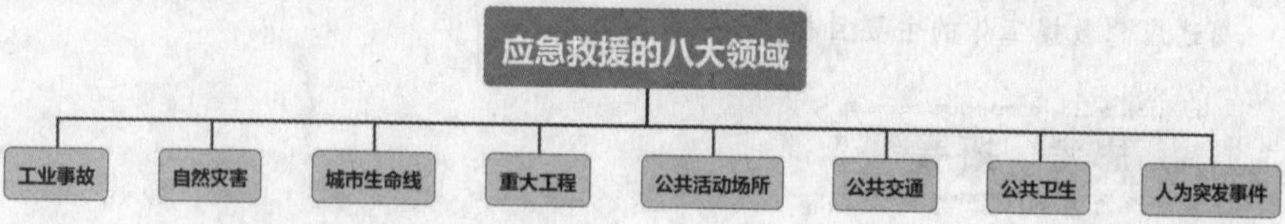

四、应急救援的基本任务

立即组织营救受害人员，组织撤离或者采取其他措施保护危险危害区域的其他人员；

迅速控制事态，并对事故造成的危险、危害进行监测、检测，测定事故的危害区域、危害性质及危害程度；

消除危害后果，做好现场恢复；

查明事故原因，评估危害程度。

五、应急救援的属性特点

属性：各类事故、灾害或事件具有突发性、复杂性、不确定性。

特点：迅速、准确、有效。

练一练

1.填空

(1) 应急救援是指为消除、减少________，防止事故、事件扩大或恶化，最大限度地降低事故、事件造成的损失或危害而采取的__________。

(2) 突发事件，包括________、________、________、__________。

(3) 应急救援的属性特点________、________、__________。

(4) 应急救援主要来源的八大领域__________、__________、__________、__________、__________、__________、__________、__________。

2.简答

简述应急救援工作的主要目标。

思考、拓展

课后作业：线上搜集有关应急救援的实例资料并进行分析。

第三节　应急救援管理体系

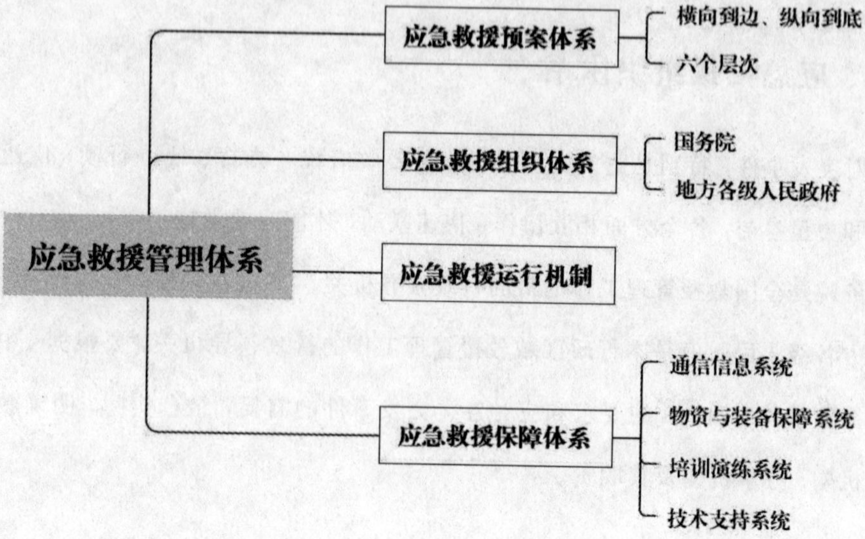

一、应急救援预案体系

我国建立健全“横向到边、纵向到底”的突发事件救援预案体系。

按照“统一领导、分类管理、分级负责”的原则，根据不同的责任主体，可将我国突发事件救援预案体系划为：突发事件总体救援预案、突发事件专项救援预案、突发事件部门救援预案、突发事件地方救援预案、企事业单位救援预案、大型活动救援预案六个层次。

二、应急救援组织体系

应对突发事件，特别是重大突发事件，需要政府统一指挥、统一行动，广泛动员各种组织和力量参与，各个方面相互协作、快速联动，才能有效救援。

国务院是全国救授管理工作的最高行政领导机关。

地方各级人民政府是本行政区域救援管理工作的行政领导机关，要根据《中华人民共和国突发事件应对法》的要求和应对各类突发事件的需要，结合实际，明确救援管理的指挥机构、办事机构及其职责。

三、应急救援运行机制

应急救援运行机制是突发事件救援体系的重要保障，目标是实现统一领导、综合协调，分类管理、分级负责、属地管理，资源共享、协同作战，一专多能、专兼结合，防救结合、平战结合，以及动员公众参与，以切实加强突发事件救援体系的救援管理，明确和规范响应程序，保证救援体系运转高效、救援反应灵敏，确保取得良好救援效果。

四、应急救援保障体系

应急救援保障体系是突发事件应急救援体系的有机组成部分，是突发事件救援体系运转的物质条件和手段，主要包括：通信信息系统、物资与装备保障系统、培训演练系统、技术支持系统等。

国务院和县级以上各级地方人民政府应当在财政方面采取有效措施，保障突发事件应对工作所需的经费。

练一练

1.填空

(1) ________是全国救援管理工作的最高行政领导机关。

(2) 应急救援保障体系包括：________、________、________、________等。

2.简答

(1) 突发事件应急救援预案体系六个层次有哪些？

(2) 简述应急救援运行机制。

第四节　应急救援与应急管理

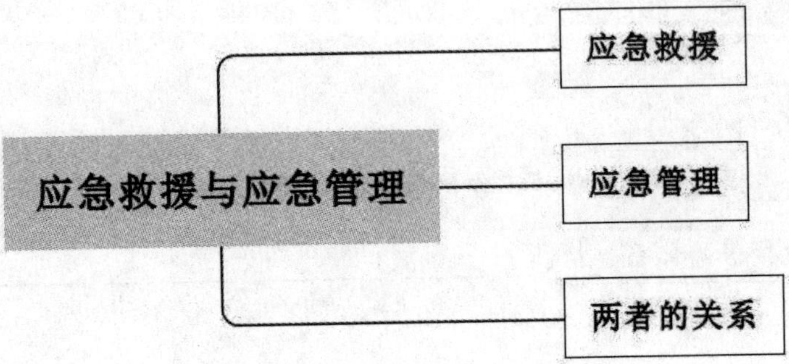

应急救援与应急管理，是两个既有联系又有区别的概念。

一、应急救援

应急救援，是指在应急响应过程中，为消除、减少事故、事件危害，防止事故、事件扩大或恶化，最大限度地降低事故、事件造成的损失或危害而采取的救援措施或行动。

二、应急管理

应急管理，是指为了预防、控制及消除紧急事件，减少其对人员、财产、生态、社会的伤害和破坏，对突发事件的成因、发展过程及后果进行科学分析，运用现代管理手段和技术方法，从事前、事中、事后对突发事件进行的全过程管理。

三、两者的关系

应急救援，是应急管理中最为重要的环节。

应急管理的核心任务，就是要保障应急救援工作的顺利、高效实施，从而达到消除、减少事故危害，防止事故扩大或恶化，最大限度降低事故造成的损失或危害的目的。

从应急救援到应急管理，经历了一个从事中到全程、从传统到现代的巨大转变，是一次质的飞跃。

第五节 世界上发达国家的应急救援体系

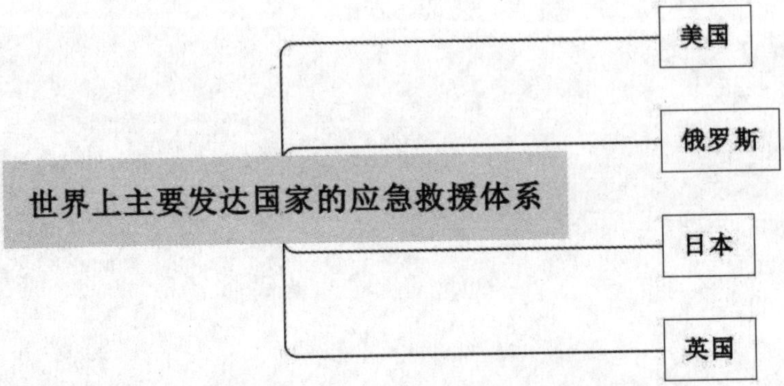

◆美国：国土安全部——前身为联邦紧急管理署 FEMA

国土安全部成立于 2002 年，为美国政府在“9·11”事件之后设立的一个联邦行政部门。独立且直接向总统负责，全面负责事关国家安全的应急事务，其下设国家应急反应队，联邦和各州均设有应急救援委员。

图 1—5—1 美国国土安全部概述图

◆俄罗斯：联邦紧急事务部

图 1－5－2　俄罗斯联邦政府大楼

联邦紧急事务部直接向总统负责，负责全联邦应急救援统一指挥和协调。以中心城市为依托，下设 9 个区域性中心，负责 89 个州的救灾工作。各区域和州设有指挥控制中心。

◆日本：在内阁设立危机管理监——国土厅“中央防灾会议”

中央防灾会议由首相担任会长，负责管理全国的综合减灾工作。负责应对全国的自然灾害，并新增设了一名负责防灾工作的大臣。

◆英国：设立非军事意外事件秘书处

图 1－5－3　英国国际专业应急救援展览会

英国政府于 2001 年设立了非军事意外事件秘书处，作为内阁办公室的一部分。它具体负责协调政府部门、非政府部门和志愿人员的紧急救援活动。

阅读材料

一、日本应急管理现状

日本处于欧亚板块、菲律宾板块和太平洋板块的交接处，特殊的地质构造导致地震多发，同时也面临台风、暴雨等的袭击，是自然灾害频发的国家之一。在长期的抗灾实践中，日本建立了较为完善有效的应急管理体系。日本是较早制定灾害管理及应急管理基本法的国家。早在1890年日本就推出了《备荒储蓄法》，这是日本第一部关于防灾的法律；1946年颁布了《灾害救助法》；1961年制定了灾害应对的基础性法律《灾害对策基本法》，该法是日本防灾抗灾的根本大法。此外，日本政府根据《灾害对策基本法》，还颁布了《河川法》《海岸法》《防沙法》《地震预知联络会设计法》《大规模地震对策特别措施法》等相关法律法规，形成了较为完备的应急管理体系，各级行政主体是国家、都道府县、市町村。

在国家层面设立中央防灾委员会，首相为中央防灾委员会的主席，负责领导救灾工作，成员由国家公共安全委员会委员长、相关部门大臣和公共机构以及相关领城的有关学者组成，主要负责制订全国的防灾基本规划、相关政策和指导方针。内阁官房是首相的辅助机构，在应急管理中的职责主要是收集和传达信息，协调各省厅的决策机制。日本实行地方自治，各级政府之间不是上下级行政隶属关系，而是一种指导协作关系，都道府县和市町村地方政府都设有自己的防灾会议，作为地方防灾的决策机构。中央防灾会议可以对地方防灾会议提出必要的劝告，与此同时，地方防灾会议计划不得违背具有上位法性质的中央防灾计划。在应急管理机制上，中央政府是应急管理的协调者，突发事件应急处置的大部分职责与功能都由地方政府承担，同时不同层级政府之间形成了相互协作的格局。在灾害具体应对时，有大量社会组织参与，日本政府通过与地方相邻省市政府、有关企业、事业、行会、志愿者组织等签订灾害救援合作协定，形地方政府之间的相互救援协定和法制化的灾救合作关系，提高了灾害处置能力。从实践来看，日本的应急管理体制和运作机制是十分有效的，成功地实施了大量突发事件的应急救援，如长崎水灾、神户大地震等。

此外，日本政府还建立了发达的防灾通信网络，开展了大量灾害防范研究工作。日本的防灾科学技术研究所、东京大学地震研究所、京都大学防灾研究所都是世界著名的防灾科技研究机构，在一般地震灾害对策研究、台风灾害对策研究、火山灾害对策研究、雪害对策研究、火灾对策研究、危险物灾害对策研究等方面均处于国际领先水平。

二、俄罗斯应急管理现状

俄罗斯是世界上面积最大的国家，位于欧洲东部和亚洲大陆的北部，地跨欧亚两洲、三面临海。俄罗斯面临的主要自然灾害有冰川崩塌、森林火灾、水灾等，自然灾害形势十分严峻，政府也十分关注应急管理能力的提升。俄罗斯目前应对突发事件的主要部门是紧急情况部，主要负责自然灾害技术性事故和灾难类突发公共事件的预防和救援工作，由总统直接负责。紧急情况部拥有40万人的应急救援部队，该部队作为独立警种按部队统一建制，该部门还拥有联邦层面多领域武装援助力量——消防队、民防部队、水下设施事故救援队和船只事故救授队等，应急资源保障十分到位。紧急情况部下设有危机控制中心，主要负责突发事件的监控，同时收集、整理和分析来自全国各地、各部门的信息，并对相关信息予以反馈。危机控制中心除了日常的舆情监控分析、信息传递职责外，最重要的是，当重大事件发生时，中心必须确保信息能够准确迅速地到达各相关部门，再由相关部门负责人到达中心进行统一调度与控制。俄罗斯应急信息体系建设借鉴了日本的信息化应急管理网络，将交通、医疗等相关部门的通信入口归于消防，增强了全国应急管理体系的统一性。对于应急管理的基层单元，俄罗斯主要采用了信息员制度，即由信息员及时将灾害情况通过网络传递到紧急情况部。俄罗斯采取垂直型的应急管理体制，俄联邦、联邦主体（州、直辖市、共和国、边疆区等）、城市和基层村镇四级政府设置了垂直领导的紧急状态机构。同时，为强化应急管理机构的权威性和中央的统一领导，在俄联邦和联邦主体之间设立了六个区域中心，每个区域中心管理下属的联邦主体紧急状态局，形成了五级应急管理机构逐级负责的垂直管理模式。

在应急管理立法方面，俄罗斯政府也为其他国家和地区提供了很好的借鉴。1994年颁布《联邦紧急情况法》，主要包括紧急情况范围、预防和应急措施等。该法律属于完法性法律，地区紧急情况法不得与之相抵触，否则总统有权终止地方紧急情况法，为紧急状态下行政权力和立法权力的超常使用提供了法律依据。俄罗斯围绕紧急情况法建立了较为完善的法律体系，包括 150 部联邦法律和规章、1500 个区域性条例以及数百个联邦紧急状态管理部门发布的内部命令。

2006 年，俄罗斯又通过了新的《反恐法》，进一步完善了俄罗斯的紧急情况法。

另外，在应急管理教育培训方面，紧急情况部还设置了紧急情况部民防学院、国家消防学院、圣彼得堡国立消防大学、伊万诺夫国立消防大学等八所教育机构，师资力量十分雄厚，应急管理类相关专业课程丰富，为俄罗斯输送了大量的应急管理人才。

第六节　我国应急救援体系现状

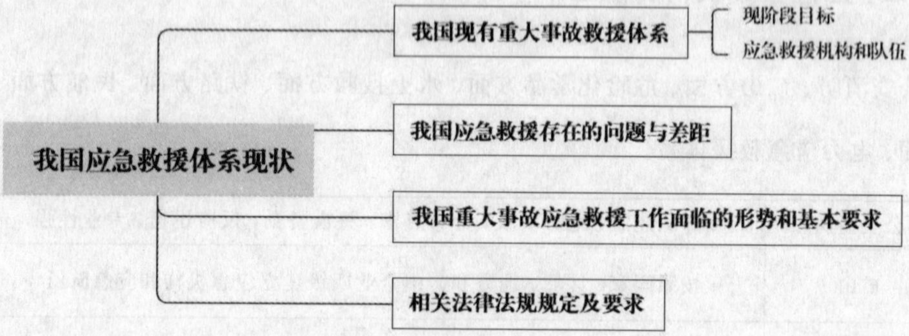

我国应急救援体系正处于建立和发展阶段，目前担任此项工作任务的主要是各级政府相关职能部门，如安全生产监督部门和各专业应急救援队伍。

一、我国现有重大事故救援体系

（一）统一指挥和协调

国务院安全生产委员会办公室、应急管理部、国家矿山安全监察局、国家消防救援局等。

国家应急指挥中心

(二) 应急救援机构和队伍

公安消防、矿山方面、危险化学品方面、水上搜救方面、铁路方面、民航方面、核安全方面、电力应急救援体系。

公安消防	部队建制、地方事权，分布点密，昼夜备勤，反应迅速，专业性强
矿山	按照国家、区域、地方和矿山企业四级建立应急机构和应急队伍
危险化学品	化学事故营救主要依靠大型企业消防队和公安消防特勤队伍进行应急救援
水上搜救	全天候值班待命 中国海（水）上搜救中心 12395 以海上搜救与救捞为主的水上应急救援队伍，在沿海及长江、黑龙江设有站点，现有应急救援队伍人数 10000 多人
铁路	由各铁路局应急救援机构承担各铁路局在规定地点设特等、一等救援列车，在无救援列车的二等以上车站或较大中间站设事故救援队，现有人数 4300 多人
民航	以民航空管为主体的指挥协调和搜寻救援队伍及以机场管理机构为主体的地面救援队伍。民航公安警察、空中警察、消防队员和医疗救护人员
核安全	三级组织：国家、核电厂所在省份、核电基地 四级响应：应急待命、厂房应急、场区应急、场外应急

续表

电力	由国家、地方电力调度机构和电力企业及重要用户构成的全国电力安全应急救援协调指挥体系，在各发电、供电和送变电企业内部设立了1000多支专职应急救援队伍

二、我国应急救援存在的问题与差距

1.认识不到位，“被动应急”现象突出；

2.应急救援力量分散，应急指挥职能交叉；

3.应急管理机构不健全，应急管理薄弱，应急预案操作性差，预案演练不足，信息化水平低，应急反应慢，效率低；

4.应急法制建设急需加强；

5.应急资金投入不足，应急装备水平落后缺位，救援能力差。

三、我国重大事故应急救援工作面临的形势和基本要求

1.必须具有坚实的法律保障；

2.实行政府集中领导、统一指挥的基本原则；

3.增大应急体系建设的整体投入；

4.确保应急救援在国家政治、经济和社会生活中不可替代的位置；

5.应急体系标准化、国际化；

6.重要基础是全社会总动员。

四、相关法律法规规定及要求

《安全生产法》	是为了加强安全生产工作，防止和减少生产安全事故，保障人民群众生命和财产安全，促进经济社会持续健康发展而制定的法规

续表

《危险化学品安全管理条例》	是为加强危险化学品的安全管理，预防和减少危险化学品事故，保障人民群众生命财产安全，保护环境而制定的国家法规
《中华人民共和国消防法》	为了预防火灾和减少火灾危害，加强应急救援工作，保护人身、财产安全，维护公共安全，制定本法
《关于特大安全事故行政责任追究的规定》	为了有效地防范特大安全事故的发生，严肃追究特大安全事故的行政责任，保障人民群众生命、财产安全，制定本规定
《使用有毒物品作业场所劳动保护条例》	为了保证作业场所安全使用有毒物品，预防、控制和消除职业中毒危害，保护劳动者的生命安全、身体健康及其相关权益，根据职业病防治法和其他有关法律、行政法规的规定制定
《建设工程安全生产管理条例》	是为了加强建设工程安全生产监督管理，保障人民群众生命和财产安全

练一练

简答

1.我国重大事故应急救援工作面临的形势和基本要求。

2.我国应急救援存在的问题和差距。

3.我国应急救援相关法律法规规定及要求有哪些?

思考、拓展

搜集资料的作业：结合线上搜集有关应急救援的实例，说说我国现有重大事故救援体系的优长和不足。

第二章　自然灾害的应急救援基础知识

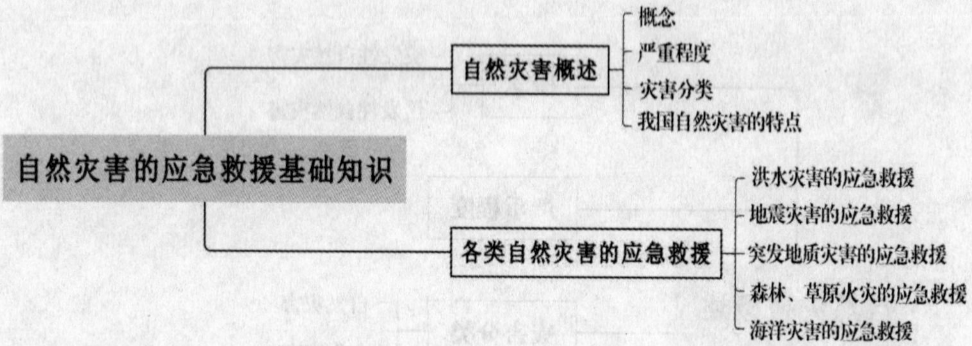

【学习目标】

1.掌握地震、洪水、森林草原火灾等自然灾害的应急救援措施。

2.理解掌握自然灾害及分类、特点的内涵。

3.了解最近几年国内发生的重大自然灾害事件。

第一节　自然灾害概述

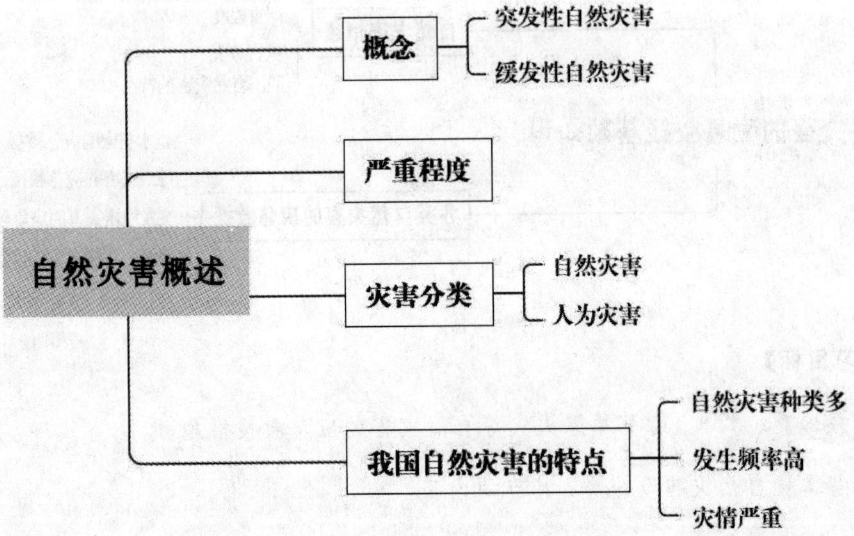

一、概念

自然灾害是指自然环境的某个或多个环境要素发生变化，破坏了自然生态的相对平衡，使人群或生物种群受到威胁或损害的现象。

自然灾害形成的过程有长有短，有缓有急。

(一) 突发性自然灾害

有些自然灾害，当致灾因素的变化超过一定强度时，就会在几天、几小时甚至几分钟、几秒钟内表现为灾害行为，像火山爆发、地震、洪水、飓风、风暴潮、冰雹、雪灾、暴雨等，这类灾害称为突发性自然灾害，见图 2—1—1。

图 2—1—1　突发性自然灾害

旱灾、农作物和森林的病、虫、草害等，虽然一般要在几个月的时间内成灾，但灾害的形成和结束仍然比较快速、明显，所以也把它们列入突发性自然灾害。

（二）缓发性自然灾害

有一些自然灾害是在致灾因素长期发展的情况下，逐渐显现成灾的，如土地沙漠化、水土流失、环境恶化等。这类灾害通常要几年或更长时间的发展，所以称之为缓发性自然灾害，见图 2—1—2、图 2—1—3。

图 2—1—2　土地沙漠化

图 2－1－3　水土流失

二、严重程度

中国是世界上自然灾害损失最严重的少数国家之一，根据中国应急管理部 2023 年 1 月 13 日发布 2022 年自燃灾害基本情况。数据显示，2022 年中国各种自燃灾害共造成 1.12 亿人次受灾，因灾死亡失踪 554 人，紧急转移安置 242.8 万人次；倒塌房屋 4.7 万间，不同程度损坏 79.6 万间；农作物受灾面积 12071.6 千公顷；直接经济损失 2386.5 亿元人民币。灾害已成为制约国民经济持续稳定发展的主要因素之一，见图 2－1－4。

图 2－1－4　地震自然灾害

从灾害区划看，全国有 74％的省会城市以及 62％的地级以上城市位于地震烈度Ⅶ

度以上危险地区，70%以上的大城市、半数以上的人口、75%以上的工农业产值，分布在气象、海洋、洪水、地震等灾害严重的地区，见图 2—1—5、图 2—1—6、图 2—1—7。

图 2—1—5　降雨、大风强对流天气使百年老树连根折断 农作物受灾倒伏

图 2—1—6　洪水淹没

图 2—1—7　暴风雪

灾害的过程往往是很复杂的，有时候一种灾害可由几种灾因引起，或者一种灾因会同时引起多种不同的灾害。

三、灾害分类

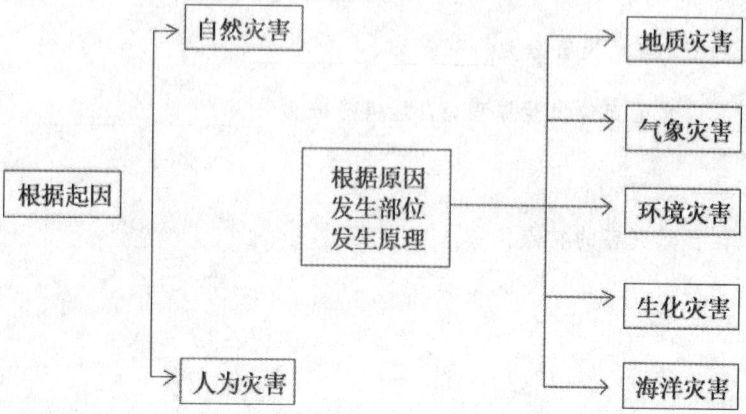

四、我国自然灾害的特点

自然灾害种类多	主要有气象灾害、地震灾害、地质灾害、海洋灾害、生物灾害和森林草原火灾
发生频率高	①中国受季风气候影响十分强烈，气象灾害频繁，局地性或区域性干旱灾害几乎每年都会出现，东部沿海地区平均每年约有7个热带气旋登陆 ②中国位于欧亚、太平洋及印度洋三大板块交汇地带，新构造运动活跃，地震活动十分频繁，大陆地震占全球陆地破坏性地震的1/3，是世界上大陆地震最多的国家 ③森林和草原火灾时有发生
灾情严重	据民政部统计，2009年全国各类自然灾害共造成4.8亿人（次）受灾，因灾死亡和失踪1528人，紧急转移安置709万人，倒塌房屋83万间，农作物受灾4721万公顷、绝收491万公顷，因灾直接经济损失达2523亿元

练一练

1.填空

(1) 依据形成的过程，自然灾害分为________、________。

(2) 依据起因，自然灾害分为________、________。

(3) 根据原因发生部位发生原理，自然灾害分为________、________、________、________、________。

2.简述我国自然灾害的特点。

思考、拓展

阅读素材：

最近几年国内发生的重大灾害事件

①2008 年我国多省市冰雪灾害

②2008 年汶川地震

③2010 年玉树地震

④2010 年舟曲泥石流

依据阅读素材，结合搜集的资料，分析我国自然灾害造成损失的严重程度。

第二节 各类自然灾害的应急救援

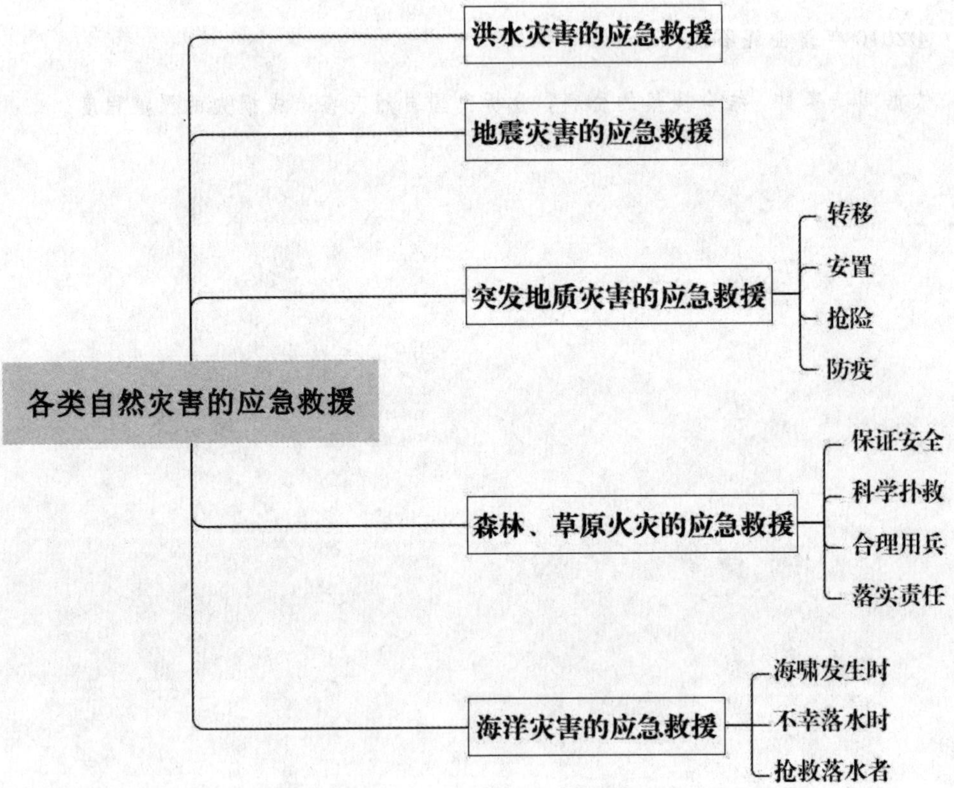

一、洪水灾害的应急救援

图 2—2—1　洪水应急救援

1.在急流中，救授人员要跑到下游进行准备，待水流把落水者冲下来时实施救援；等待期间要一直盯住落水者，并随时调整自己的位置，选择最佳救援地点（见图 2—2—1）。

2.如果落水者神志清醒，可以向水中抛投漂浮物、绳子等物品，但要注意落点。

3.如果没有必要的保护措施，又没有受过专门水上救援训练不要盲目下水搭救落水者；落水者一般会处于极度的恐慌之中，不要指望他们会积极地配合你，多数情况下他们会死死抓住救援者，绝不轻易放手，救援者往往会被落水者牵连而引发意外。

4.如果水性很好，可以下水救援，但是要注意不要接近落水者，可以伸过去一根木棒让他抓住，也可以递给他一个漂浮物。总之，一定要让他手里有的抓，而不是抓住你；如一旦发生被落水者抓住不放的情况，救助员可大声提醒，实在不行马上潜水，落水者才有可能放手。

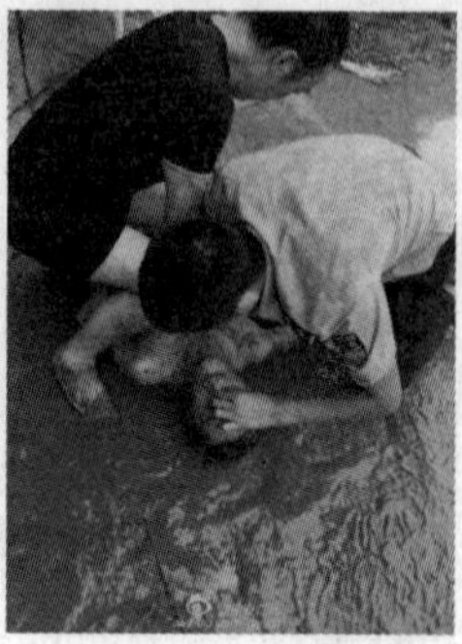

图 2—2—2　心肺复苏

5.如有很多人在岸上，可以进行组合救援，即后面的负责用长杆或绳子保护前面的救援人员。

6.即使落水者已经沉了下去，也还有生存的希望，救助员不要放弃，应积极打捞，打捞上来后马上实施抢救，先清除口中堵塞物，再将溺水者腹部置于抢救者屈膝的大腿上，头部下垂，用手按压背部迫使呼吸道和消化道内的水排出，如果没有呼吸要进行人工呼吸和心肺复苏，见图 2—2—2。

二、地震灾害的应急救援

1.救助员应随身携带必需的轻便器材，如探钎、撬棍、军用铲、斧子、千斤顶、简便起重工具、标记材料、手电筒以及担架等进入所有可能进入的房屋和瓦砾堆，了解倒塌破坏情况，人员被埋、被困的位置及人数，现场及附近可利用的救援器材，确定救援方式、方法和所需装备。在搜寻的同时，迅速救出那些容易救出的人员，以补充救援队伍，见图 2—2—3。

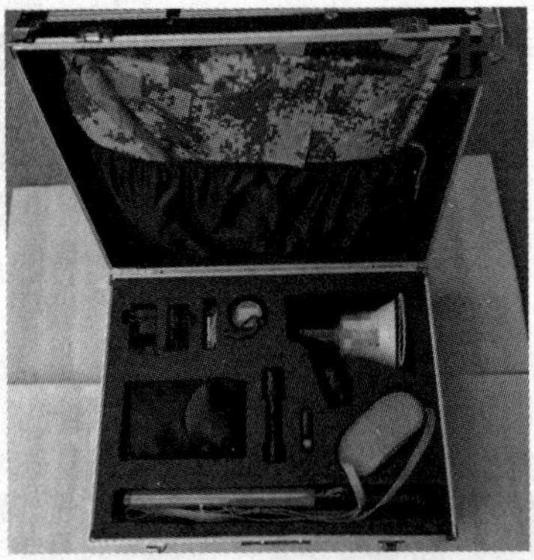

图 2—2—3　地震救援装备

2.救助员除携带上述器材装备外，还要配备起重机、空气压缩机、掘进工具、电气焊切割机具、爆破器材以及运输车辆等，进入那些难以进入的倒塌（破坏）体，利用步话机、有线电话、手机进行联系，搜寻营救其中的人员。按照救援方式（掘进、吊装、破碎、切割等）和需要投入的人力和预计作业持续的时间，拟定换班班次，组织协调好搜寻、抢挖、急救、联络、搬运等项工作。

3.主要清理倒塌（破坏）的建筑群、被阻塞的街道，搬运尸体。救助员可利用铲车、推土机、起重车、翻斗车、汽车等进行联合作业。使用这些大设备进行清理时，救助员一定要确认瓦砾中没有活着的人，一定要在建筑物倒塌已经超过 48 小时之后进行，见图 2—2—4。

图 2—2—4　搜救遇难者

三、突发地质灾害的应急救援

转移	在帮助受灾害袭击的群众安全转移的过程中，要本着就近、迅速、安全、有序的原则进行： ①先人员，后财产 ②先老幼病残人员，后其他人员 ③先转移危险区人员，后转移警戒区人员 ④信号发布责任人和转移组织者最后撤离 ⑤如遇不愿离开者，应强行转移
安置	①人数较少时，可采取投亲靠友或对户挂靠的方式分散安置，使灾民迅速安定下来 ②人数较多时，有条件的可以利用村部、学校等公用房屋，没有条件的则需搭建临时帐篷，以本村为主进行集中安置，统一管理
抢险	①立即组织救援人员进行伤员救护以及水、电、交通线路的抢修，以保障救灾工作顺利进行，伤员得到及时救治 ②进行救灾抢险时应注意避免发生二次伤害
防疫	灾区卫生条件差，特别是饮用水卫生难以得到保障，大灾过后容易发生疫情： ①首先要预防肠道传染病，如霍乱、伤寒、痢疾、甲型肝炎等。另外，人畜共患疾病和自然疫源性疾病，如疟疾、乙脑、流行性出血热、钩端螺旋体等也是灾害期间易发生的疾病 ②认真做好房屋、水井以及周围环境的灭菌消毒；加强对粪便、农药及鼠药等的管理，要特别重视食品和饮用水的安全检查

四、森林、草原火灾的应急救援

保证安全	在扑火过程中，坚持三项基本原则： 一是要按照以人为本、构建和谐社会的要求，坚决避免人员伤亡。既要避免林区群众伤亡，又要避免扑救林火、草原火人员的伤亡，更要重视和强化紧急救援训练 二是要保证居民点、民宅、建筑物不受损失，避免林火烧毁职工的居所和重要设施 三是要尽最大努力，保证农场的人工林不受损失或少受损失
科学扑救	①在扑火战略上：要采取整体围控，各个歼灭；重兵扑救，彻底清除；阻隔为主，正面扑救为辅等多种方式和手段进行扑救，从而减少森林资源损失 ②在扑火战术上：尊重自然规律，采取“阻、打、清”相结合，作到快速出击、科学扑火，集中优势兵力打歼灭战
合理用兵	在扑火力量使用上，坚持以专业（半专业）森林消防队、民兵基层快速扑火队等专业力量为主，紧急救助员和其他社会力量为辅的原则
落实责任	在落实责任制上，采取分段包干、明确责任，坚持实行扑火、清理和看守火场责任制的原则

五、海洋灾害的应急救援

海啸发生时	①接到海啸警报应立即切断电源 ②关闭燃气 ③停在港湾的船舶和航行的海上船只应立即驶向深海区，不要停留在港口，也不要回港或靠岸 ④不要因顾及财产损失而丧失逃生时间

续表

不幸落水时	①尽量抓住木板等漂浮物，避免与其他硬物碰撞 ②不要举手，不要乱挣扎，尽量不要游泳，能浮在水面即可 ③水温偏低时，不要脱衣服 ④不要喝海水 ⑤尽可能向其他落水者靠拢，积极互助、相互鼓励，尽力使自己易于被救援者发现
抢救落水者时	①进温水里恢复体温，或披上被、毯、大衣等保温，不要局部加温或按摩 ②给落水者适当喝些糖水，但不要让落水者饮酒 ③如果落水者受伤，立即采取止血、包扎、固定等急救措施，重伤员要及时送往医院 ④及时清除溺水者鼻腔、口腔和腹内的吸入物；将溺水者的肚子放在施救者的大腿上，从其后背按压，将海水等吸入物倒出 ⑤如果溺水者心跳、呼吸停止，须立即交替进行口对口人工呼吸和心脏按压

练一练

1.洪灾发生时的救援措施有哪些？

2.地震灾害应急救援中应注意哪些？

3.突发地质灾害的救援措施有哪些？

4.森林火灾的救援措施有哪些？

5.不幸落水时，如何自救？

第三节　学校地震应急预案

地震灾害是人类不可抗拒的自然灾害之一，其特点有突发性强，破坏性大，对国家和人民生命财产构成了巨大威胁。为了保证破坏性地震临震预报发布后，迅速全面地做好各项抗震救灾准备工作及破坏性地震发生后，高效、有序地开展应急自救工作，最大限度地减轻地震灾害，减少人员伤亡，结合校园实际，特制定本预案。

一、总则

（一）编制目的

为了地震发生后能够协调、有序和高效进行，最大程度地减少师生伤亡。

（二）编制依据

依据《中华人民共和国防灾减震法》《破坏性地震应急条例》《国家地震应急预案》《汶川特大地震应急管理研究》2009 年版结合学校实际制定本预案。

（三）适用范围

本预案适用于学校处置地震灾害事件的应急措施。

（四）工作原则

1.地震灾害事件发生后，学校在本级政府及教育主管部门的领导下按照本预案实施地震应急。

2.发生地震灾害事件，学校组织教师、学生避震及校内疏散及时向教育主管部门及本级政府报告师生伤亡和校舍受损情况，并按照本级政府及教育主管部门的要求做好受伤师生的送治和学生的安置工作。

3.普及防震减灾知识、开展地震应急演练是做好地震应急工作的基础。

二、组织机构及职责

我校成立相应的防震减灾工作领导机构，负责部署、指挥校园突发性地震事件的预防和处置工作。

1.防震减灾工作领导小组

组长：

副组长：

成员：全体教师、校后勤、医务、保卫部门负责人

2.主要职责：

（1）普及地震知识和抗震救灾应急避险知识；

（2）开展抗震救灾强化宣传工作，提高广大师生抗震救灾意识和识别地震谣言的能力；

（3）接受和迅速执行上级领导和抗震救灾指挥部的各项指令；组织实施本预案，发布各项抢险救灾指令、批示、通知等。确定重点救灾地点、范围、部署抗震救灾队伍，实施抢救行动；收集上报灾情、社情、校情、保证学生安全，维护社会稳定。

三、应急准备

（一）避震和疏散方案

根据建筑物抗震能力以及周围工程设施、次生灾害源情况，确定如下避震疏散方案；

疏散目的地：操场。

疏散顺序：按照日常演练方案顺序进行。

（二）地震知识普及

学校每年安排 1－2 学时学习地震知识、防震避震和疏散常识、紧急救护知识，以汶川大地震为例采用橱窗、墙报、板报等多种形式宣传防震减灾知识。并适时开展地震应急演习，提高学生防震减灾的意识和应急能力。

（三）物资储备

学校后勤处储备一定量的的饮用水和食品，医务室储备一定的救护药品。

四、应急行动的实施

（一）正常抗震救灾工作

在每年春季开学初制定本校防震减灾工作计划，安排部署全年的抗震知识宣传和演练工作；通过举办地震专栏展览，知识竞赛、召开主题班会等方法，加强对地震基本知识、应急求生技能、防震法律法规的宣传，切实提高广大师生的安全防范意识；指导督促学校每学期组织师生开展 2 次以上的地震应急避险和自救互救演练，增强应急预案的针对性、指导性和实用性。

（二）临震应急行动

1.启动预案

当发生 4 级以上地震时，自动启动本预案。

2.紧急避险

要保持镇定，切莫惊慌失措。听到警报后由班主任或任课教师尽快组织学生躲避到安全地点，千万不要匆忙逃离教室。

（1）上课时间：

在教室内的学生：应迅速抱头或头顶书包就地躲避，身体采用卧倒或蹲下的方式，使身体尽量低，躲到桌边或墙角，以保护身体避免被砸，但不要靠近窗口。躲避的姿势：将一个胳膊弯起来保护眼睛不让玻璃击中，另一只手用力抓紧桌腿。在墙角躲避时，把双手交叉放在脖子后面保护自己，可以拿书包或其他保护物品遮住头部和劲部。卧倒或蹲下时，也可以采用以下姿势：脸朝下，头近墙，两只胳膊在额前相交，右手正握左臂，左手反握右臂，前额枕在臂上，闭上眼睛和嘴，用鼻子呼吸。

（2）下课时间：

在教室外的同学，应立即跑到空旷的地方，用双手放在头上，防止被砸，要避开建筑物和电线；在操场上的同学，感觉地震来临时，要保持镇静站立在空旷地或蹲下，不能乱跑，更不能再躲进建筑物里。

（3）人员疏散当地震震动结束后，校防震减灾领导小组及时发出疏散指令，当课教师听从指令按照本预案的疏散方案组织学生行疏散。各层楼梯口的疏导员，负责本层楼梯口的疏散秩序，防止学生推挤、倒地和掉队。各层楼梯口的疏导员由本层第一个疏散班级的当课老师担任。整栋教学楼内的学生全部撤离后，各层疏导员方可撤离。疏散到操场后，立即清点师生人数。学生以班为单位由当课老师清点人数，教师以办公室为单位由校领导清点人数；后勤、医务、保卫等部门由其负责人清点人数。并将情况报校抗震救灾指挥部。

（三）震后应急行动

1.无论是否有预报、警报，在所辖范围或邻近地区发生破坏性地震后，校防震减灾领导小组成员立即赶赴学校组织救援。

2.校防震减灾领导小组在上级统一组织指挥下，迅速组织本校教职员工抢险救灾。

（1）迅速发出紧急警报，组织仍滞留在各种建筑物内的所有人员撤离。学校要及时通知学生家长到校接走学生，确保学生被安全接走。对留置师生，学校统一安排食宿，集中分发食品、饮用水和日用品。

（2）迅速关闭、切断输电、供水系统（应急照明系统除外）和各种明火，防止震后滋生其它灾害。

(3) 迅速开展以抢救人员为主要内容的现场救护工作，及时将受伤人员转移并送至附近救护站抢救。

(4) 加强校园值班值勤和巡逻，防止各类犯罪活动。

(5) 积极做好广大师生的思想宣传教育工作，迅速恢复正常教学秩序，全力维护社会安全稳定。

(6) 迅速了解和掌握本地区的受灾情况，及时汇总上报。

五、应急保障措施

(一) 应急通讯保障

进入防震应急状态后，校防震减灾领导小组通过电话、口授等形式传达各种命令、指示，并根据相关领导指示及时向上级教育行政部门及上级政府报告相关信息。

(二) 对师生疏散的路线和临时避难场所进行规划。

六、奖励与责任追究制度

破坏性地震发生后，依法对地震预案的执行情况进行事后调查。因措施不到位、制度不坚持、工作推诿扯皮、应急处置不当，造成工作停滞和严重后果的严肃追究有关工作人员的责任。

第三章　事故灾难的应急救援基础知识

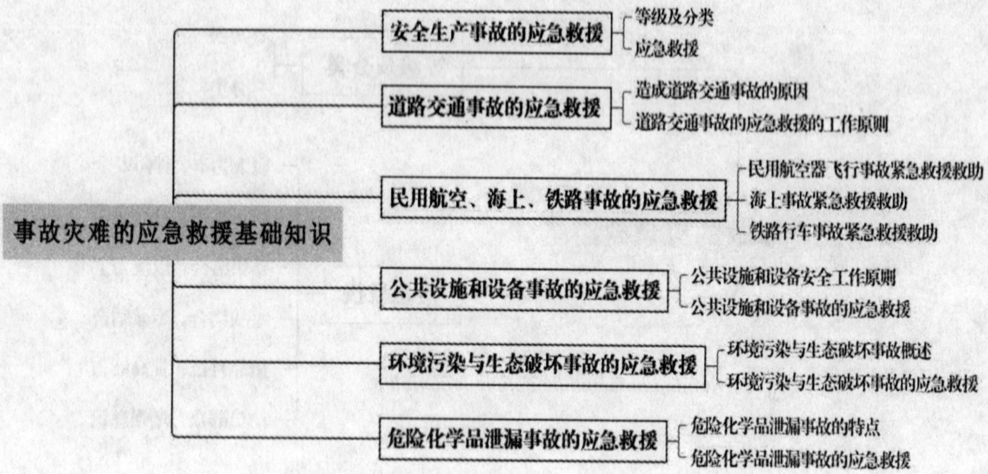

【学习目标】

1.掌握各种类型事故灾害的紧急救援措施。

2.理解事故灾难紧急救援的原则，事故灾难紧急救援中的一些基本概念和应注意的问题。

3.了解安全生产事故、道路交通事故、铁路事故、环境污染与生态破坏事故、危险化学品泄漏事故等灾害的原因、分类及特点。

第一节　安全生产事故的应急救援

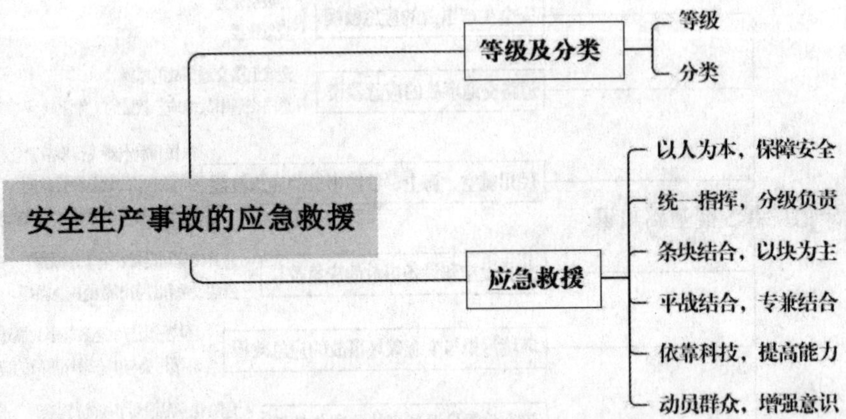

一、安全生产事故灾难的等级及分类

（一）安全生产事故灾难的等级

安全生产事故灾难按照其性质、严重程度、可控性和影响范围等因素，一般分为四级：Ⅰ级（特别重大）、Ⅱ级（重大）、Ⅲ级（较大）和Ⅳ级（一般）。

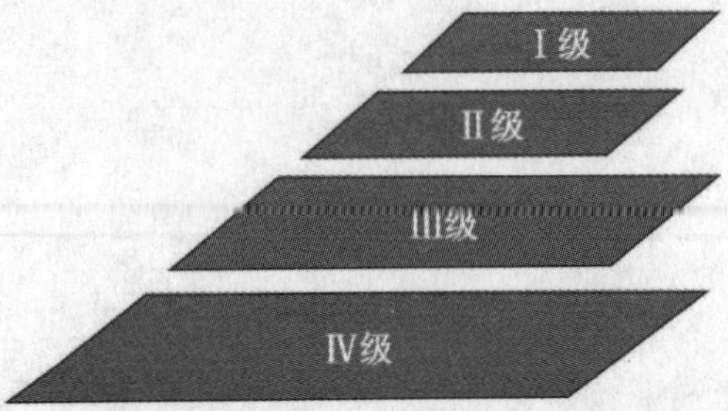

（二）安全生产事故的分类

安全生产事故的分类，根据安全生产事故造成的人员伤亡或者直接经济损失，事故一般分为以下等级：特别重大事故，重大事故，较大事故，一般事故。

《安全事故生产报告和调查处理条例》（国务院 493 号令）

事故等级	死亡人数（人）	重伤人数（人）	直接经济损失（元）
特别重大事故	≥30	≥100	≥1 亿
重大事故	10～30	50～100	5 千万～1 亿
较大事故	3～10	10～50	1 千万～5 千万
一般事故	≤3	≤10	≤1 千万

二、安全生产事故的应急救援

安全生产事关人民群众生命财产。生产事故灾难的发生，其情形很复杂，因此，安全生产事故的应急救援必须强调以下几点：

以人为本，保障安全	救援人员应把保障人民群众生命身体健康，最大限度地减少事故灾难造成的人员伤亡和危害作为救援工作的出发点和落脚点
统一指挥，分级负责	在政府职能部门的统一领导下，救援人员应积极协助相关部门按各自职责和权限，开展有关事故灾难紧急救援管理和紧急救援处置工作
条块结合，以块为主	救援人员应当与地方政府密切配合，按照属地为主的原则，实施紧急救援
平战结合，专兼结合	各地、各部门坚持全面统筹、指挥，充分发挥经过专门培训的紧急救助员等紧急救援力量的作用
依靠科技，提高能力	充分发挥社会各方面，尤其是专家的作用，实行科学民主决策，采用先进的救援装备和技术，增强紧急救援能力
动员群众，增强意识	充分发挥社会力量的基础作用，组织职工、群众和有关人员开展自救、互救，并通知有关机构

案例：

2015年8月12日，位于天津市滨海新区天津港的瑞海公司危险品仓库发生火灾爆炸事故，造成165人遇难（其中参与救援处置的公安现役消防人员24人、天津港消防人员75人、公安民警11人，事故企业、周边企业员工和居民55人）、8人失踪（其中天津消防人员5人，周边企业员工、天津港消防人员家属3人），798人受伤（伤情重及较重的伤员58人、轻伤员740人），304幢建筑物、12428辆商品汽车、7533个集装箱受损。截至2015年12月10日，依据《企业职工伤亡事故经济损失统计标准》等标准和规定统计，已核定的直接经济损失68.66亿元。经各方努力，事故救援及现场处置任务于2015年9月13日完成，清运危险化学品1176吨、汽车7641辆、集装箱13834个、货物14000吨。798名伤员得到妥善医治。2015年8月18日，经国务院批准，成立由公安部、安全监管总局、监察部、交通运输部、环境保护部、全国总工会和天津市等有关方面组成的国务院天津港"8·12"瑞海公司危险品仓库特别重大火灾爆炸事故调查组，邀请最高人民检察院派员参加，并聘请爆炸、消防、刑侦、化工、环保等方面的专家参与调查工作。

调查组查明，事故的直接原因是：瑞海公司危险品仓库运抵区南侧集装箱内硝化棉由于湿润剂散失出现局部干燥，在高温（天气）等因素的作用下加速分解放热，积热自燃，引起相邻集装箱内的硝化棉和其他危险化学品长时间大面积燃烧，导致堆放于运抵区的硝酸铵等危险化学品发生爆炸。

调查组认定，瑞海公司严重违反有关法律法规，是造成事故发生的主体责任单位。该公司无视安全生产主体责任，严重违反天津市城市总体规划和滨海新区控制性详细规划，违法建设危险货物堆场，违法经营、违规储存危险货物，安全管理极其混乱，安全隐患长期存在。

调查组同时认定，有关地方党委、政府和部门存在有法不依、执法不严、监管不力、履职不到位等问题。天津交通、港口、海关、安监、规划和国土、市场和质检、海事、公安以及滨海新区环保、行政审批等部门单位，未认真贯彻落实有关法律法规，未认真履行职责，违法违规进行行政许可和项目审查，日常监管严重缺失；有些负责人和工作人员贪赃枉法、滥用职权。天津市委、市政府和滨海新区区委、区政府未全面贯彻落实有关法律法规，对有关部门、单位违反城市规划行为和在安全生产管理方面存在的问题失察失管。交通运输部作为港口危险货物监管主管部门，未依照法定职责对港口危险货物安全管理督促检查，对天津交通运输系统工作指导不到位；海关总署督促指导天津海关工作不到位；有关中介及技术服务机构弄虚作假，违法违规进行安全审查、评价和验收等。

公安机关对24名相关企业人员依法立案侦查并采取刑事强制措施（其中瑞海公司13人，中介和技术服务机构11人）。检察机关对25名行政监察对象依法立案侦查并采取刑事强制措施（其中正厅级2人，副厅级7人，处级16人；包括交通运输部门9人，海关系统5人，天津港（集团）有限公司5人，安全监管部门4人，规划部门2人）。事故调查组对123名责任人员提出了处理意见。建议对74名责任人员给予党纪政纪处分，其中省部级5人，厅局级22人，县处级22人，科级及以下25人；对其他48名责任人员，建议由天津市纪委及相关部门予以诫勉谈话或批评教育；1名责任人员在调查处理期间病故，不再给予处分。

调查组建议依法吊销瑞海公司有关证照并处罚款，企业相关主要负责人终身不得担任本行业生产经营单位的负责人；对中滨海盛安全评价公司、天津市化工设计院等中介和技术服务机构给予没收违法所得、罚款、撤销资质等行政处罚。同时，对天津市委、市政府进行通报批评并责成天津市委、市政府向党中央、国务院作出深刻检查；责成交通运输部向国务院作出深刻检查。

针对事故暴露出的八个方面的教训与问题，调查组提出了十个方面的防范措施和建议，即：坚持安全第一的方针，切实把安全生产工作摆在更加突出的位置；推动生产经营单位落实安全生产主体责任，任何企业均不得违法违规变更经营资质；进一步理顺港口安全管理体制，明确相关部门安全监管职责；完善规章制度，着力提高危险化学品安全监管法治化水平；建立健全危险化学品安全监管体制机制，完善法律法规和标准体系；建立全国统一的监管信息平台，加强危险化学品监控监管；严格执行城市总体规划，严格安全准入条件；大力加强应急救援力量建设和特殊器材装备配备，提升生产安全事故应急处置能力；严格安全评价、环境影响评价等中介机构的监管，规范其从业行为；

集中开展危险化学品安全专项整治行动，消除各类安全隐患。

调查组还查明，本次事故对事故中心区及周边局部区域大气环境、水环境和土壤环境造成不同程度的污染。天津渤海湾海洋环境质量未受到影响。没有因环境污染导致的人员中毒与死亡病例。目前，对大气环境的影响已基本消除，受污染地表水得到有效处置，事故中心区土壤和地下水正在进行分类处置与修复。对事故可能造成的中长期环境和人员健康影响，有关方面正开展持续监测评估，并采取防范措施。

练一练

1.填空

(1) 安全生产事故灾难按照其性质、严重程度、可控性和影响范围等因素，一般分为＿＿＿＿＿、＿＿＿＿＿、＿＿＿＿＿和＿＿＿＿＿。

(2) 安全生产事故的分类，根据安全生产事故造成的人员伤亡或者直接经济损失，事故一般分为以下等级：＿＿＿＿、＿＿＿＿、＿＿＿＿、＿＿＿＿。

2.安全生产事故的应急救援必须强调哪几点？

第二节　道路交通事故的应急救援

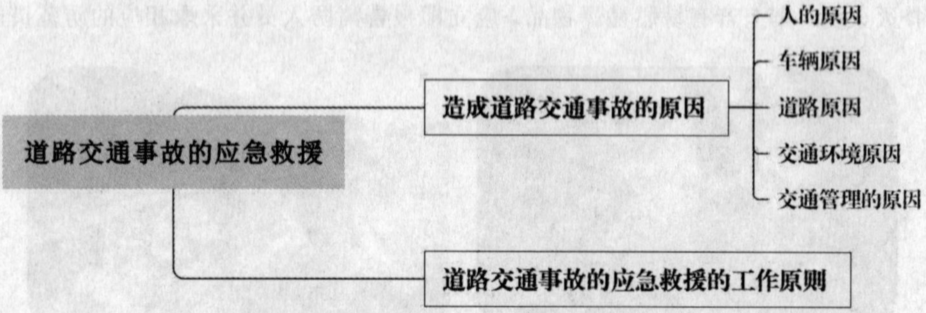

一、造成道路交通事故的原因

造成道路交通事故的原因非常复杂，有主观（内因）原因，有客观（外因）原因；有直接原因，有间接原因。从我国交通安全的实际情况出发分析交通事故的原因，包括人、车、路、环境、管理五个方面，但人是主导因素。

人的原因	是指参与交通行为的所有的人，如驾驶员、骑自行车的人、行人、乘车人等。这些人的交通安全意识和他们的心理素质、职业道德、文化程度等有关
车辆原因	主要是指车况是否符合技术要求
道路原因	路况差、混合交通、路面障碍多和道路建筑本身就不符合标准
交通环境原因	主要表现在交通秩序混乱、道路通过能力低、碰撞机会多、车辆的速度差大、道口标准不符合要求，以及气候条件的影响
交通管理的原因	对现有交通法规执行不严；道路交通的监控、管制、指挥、通信设备不适应当前交通发展的需要

二、道路交通事故的应急救援的工作原则

道路交通事故现场，紧急救援救助的工作应遵循以下原则：

1.事故发生后，必须提醒驾驶员马上停车，切断车内的电源，接着打开紧急救援灯，放置危险警告标志，警示后来的车辆。

2.迅速帮助出事车辆拨打 122 或 110 报案，并将事故发生的时间、地点、人员伤亡及肇事机动车的情况讲明；如机动车起火，应立即拨打 119 救援电话，并利用现场救火设施扑灭火源；车上若有易燃易爆物品，应立即报告消防人员并采取相应的防范措施。

图 3—2—1 扑灭易燃车

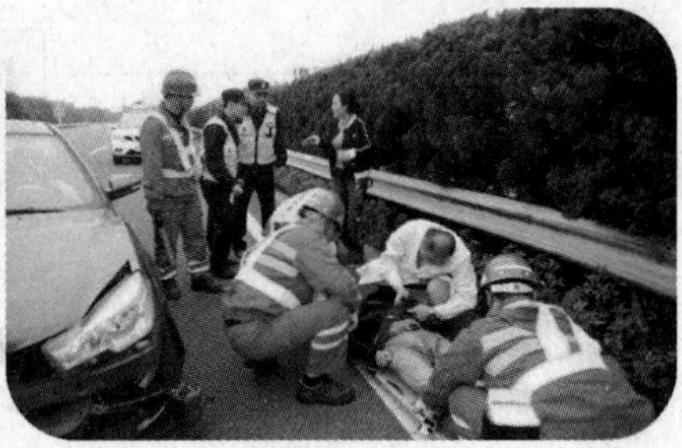

图 3—2—2 人工救援

3.如果伤员需要急救，应立即拨打 120 急救中心电话，并在现场情况允许的条件下先帮助伤者做简单的先期救治，如止血、包扎或固定，同时应注意保持伤者呼吸通畅。如呼吸和心跳停止，应立即运用心肺复苏法抢救。发生重大交通事故时，伤者很可能脊柱会受损，此时千万不要翻动伤者。

4.保护好现场。现场的机动车、人员、散落的物品、遗留的痕迹都不可随意移动。现场抢救伤员时应在伤者原始的位置做好标记，且应帮助伤者妥善保管好钱物，防止盗抢。

5.遇到撞人后驾车或骑车逃逸的情况，应及时追上肇事者。在受伤的情况下，应求助周围群众拦住肇事者。

6.配合交通警察做好调查取证工作。

练一练

1.填空

______、______、______、______、______五个方面，是造成道路交通事故的原因。

2.道路交通事故的应急救援的工作原则有哪些？

思考、拓展

结合道路交通事故的实例谈谈应急救援应遵循的工作原则及注意事项。

第三节　民用航空、海上、铁路事故的应急救援

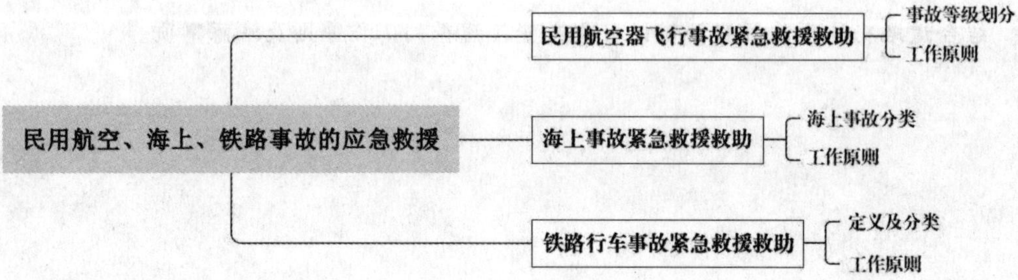

一、民用航空器飞行事故紧急救援救助

(一) 民用航空器飞行事故等级划分

民用航空器 飞行事故等级	飞行事故是指自任何人登上航空器准备飞行直至这类人员下了航空器为止的时间内发生人员伤亡、航空器损坏的事件。 ①特大飞行事故：死亡人数在40人及其以上者 ②重大飞行事故：死亡人数在39人及其以下者 ③一般飞行事故：人员重伤，重伤人数在10人及其以上者
民用航空 地面事故等级	航空地面事故是指在机场活动区内发生航空器、车辆、设备、设施损坏，造成直接经济损失人民币30万元（含）以上或导致人员重伤、死亡的事件。

续表

民用航空 地面事故等级	①特大航空地面事故：死亡人数＞4；直接损失≥500万元 ②重大航空地面事故：死亡人数≤3；直接损失100万元～500万元 ③一般航空地面事故：人员重伤；直接损失30万元～100万元
民用航空器 飞行事故征候等级	飞行事故征候是指航空器飞行过程中发生的未构成飞行事故或航空地面事故但与航空器操作使用有关，影响或可能影响飞行安全的事件。 ①严重飞行事故征候 ②飞行事故征候 ③训练飞行事故征候

（二）民用航空器飞行事故紧急救援救助的工作原则

图3—3—1　悉尼飞机坠毁事故

1.避免和最大限度地减少人员伤亡；

2.统一指挥，分级管理，分级响应；

3.职责明确，分工协作，反应及时，措施果断，运转高效；

4.预防为主，常备不懈，信息互通，资源共享，依靠科学，依法处置。

二、海上事故紧急救援救助

（一）海上事故分类

海上安全事故按照致损原因分，有碰撞事故、搁浅事故、触礁事故、火灾事故、浪损事故、风灾事故、沉船事故等。

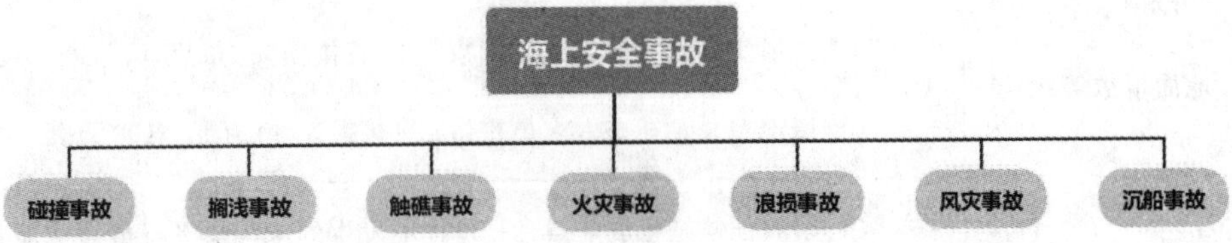

(二) 海上事故紧急救援救助的工作原则

图 3—3—2　海上救援

船舶发生安全事故，紧急救援救助工作遵循以下工作原则：

1.政府领导，社会参与，依法规范；

2.统一指挥，分级管理，属地为主；

3.防救结合，资源共享，团结协作；

4.以人为本，科学决策，快速高效。

三、铁路行车事故紧急救援救助

(一) 铁路交通事故定义及分类

铁路机车车辆在运行过程中发生冲突、脱轨、火灾、爆炸等影响铁路正常行车的事故，包括影响铁路正常行车的相关作业过程中发生的事故；或者铁路机车车辆在运行过程中与行人、机动车、非机动车、牲畜及其他障碍物相撞的事故，统称为铁路交通事故。

铁路交通事故分为特别重大事故、重大事故、较大事故和一般事故四个等级。

(二) 铁路行车事故紧急救援救助的工作原则

1.坚持以人为本。以保障人民群众生命财产安全为出发点和落脚点，最大限度地减少行车事故造成的人员伤亡和财产损失。

2.尽快恢复运输。分秒必争，快速抢修线路，尽快恢复通车和运输秩序。

3.实行分工负责。在铁道部和有关部门统一领导下，事发地人民政府按照各自职责、分工、权限和预案的规定，共同做好铁路各类自然灾害和各种突发事件的紧急救援处置工作。

4.坚持预防为主。积极采用先进的预测、预防、预警和紧急处置技术，提高行车事故安全防范水平，不断完善铁路紧急救援体系建设，提高救援装备技术水平和紧急救援能力。

练一练

1.填空

(1) 民用航空器飞行事故等级划分：______、______、________。

(2) 海上安全事故按照致损原因分，有______、______、______、______、______、______、______等。

(3) 铁路交通事故分为______、______、______和______四个等级。

2.简述

(1) 民用航空器飞行事故紧急救援救助的工作原则有哪些?

(2) 海上事故紧急救援救助的工作原则有哪些?

(3) 铁路行车事故紧急救援救助的工作原则有哪些?

思考、拓展

结合海上事故、铁路行车事故的实例谈谈应急救援应遵循的工作原则及注意事项。

第四节 公共设施和设备事故的应急救援

公共设施和设备事故的应急救援
- 公共设施和设备安全工作原则
- 公共设施和设备事故的应急救援

一、公共设施和设备安全工作原则

图 3—4—1 便民自行车

图 3—4—2 共享单车乱停

坚持“安全第一、预防为主”的方针，加强公共设施和设备安全工作，突出事故预防和控制措施，有效防止重特大事故发生；加强公共设施和设备保护、宣传工作和行政执法力度，提高企业保护公共设施和设备的意识，维护公共设施和设备安全。

图 3—4—3 公共设施还需大家爱护

图 3—4—4

二、公共设施和设备事故的应急救援

1.事故发生时，第一时间将事故现场的情况上报有关部门，信息应当及时、准确、客观、全面。

上报的内容包括事故发生的地点、人员伤亡情况、事故原因等。

2.事故现场如可能发生危及群众生命安全的衍生事故，应迅速组织现场群众及时有序地撤离。

3.做好现场伤员的初期救治工作及安抚工作。

图 3—4—5　扶梯事故

思考、拓展

结合生活实例谈谈如何加强公共设施和设备保护及宣传工作，提高保护公共设施和设备的意识，维护公共设施和设备安全。

第五节　环境污染与生态破坏事故的应急救援

- 环境污染与生态破坏事故的应急救援
  - 环境污染与生态破坏事故概述
    - 含义
    - 分类
  - 环境污染与生态破坏事故的应急救援

一、环境污染与生态破坏事故概述

（一）含义

环境污染与生态破坏事故，是指由于违反环境保护法规的经济、社会活动与行为，以及意外因素的影响或不可抗拒的自然灾害等原因致使环境受到污染，国家重点保护的野生动植物、自然保护区受到破坏，人体健康受到危害，社会经济与人民财产受到损失，造成不良社会影响的突发性事件。

图 3—5—1　排污管道正在向河流中排放污水

图 3—5—2　河面上满是垃圾

(二) 分类

图 3－5－3 河道污染 良田荒芜

根据事故类型可分为水污染事故、大气污染事故、噪声与振动危害事故、固体废弃物污染事故、农药与危险化学品污染事故、放射性污染事故及国家重点保护的野生动植物与自然保护区破坏事故等。

二、环境污染与生态破坏事故的应急救援

环境污染与生态事故性质复杂，突发性强，变化较快，影响范围广，问题涉及方方面面，已经成为影响公共安全的重要因素。因此，环境污染与生态事故的应急救援工作应从以下两个方面入手：

1.事故现场如可能发生危及群众生命安全的衍生事故，应迅速转移、撤离或者疏散可能受到危害的人员，并进行妥善安置。

2.如有人员伤亡情况，要做好现场伤员的初期救治工作及安抚工作。

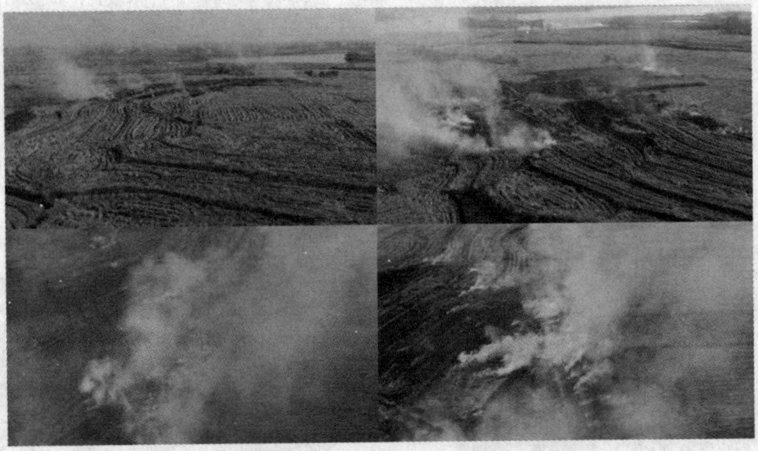

图 3－5－4 焚烧秸秆 环境污染

练一练

1.简述环境污染与生态破坏事故类型。

2.环境污染与生态事故的应急救援工作应从哪几个方面入手？

思考、拓展

举例说明破坏生态的后果有哪些？

第六节　危险化学品泄漏事故的应急救援

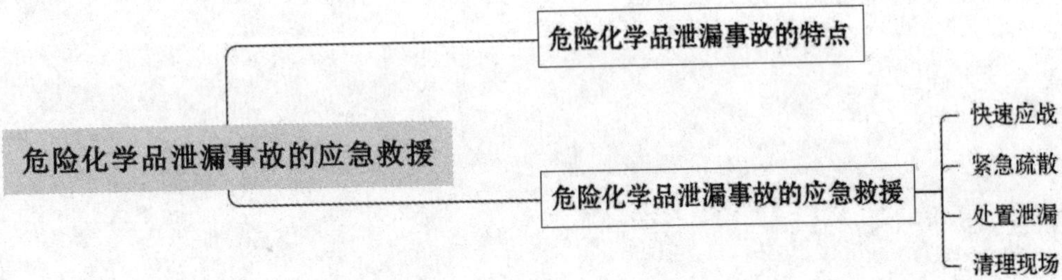

一、危险化学品泄漏事故的特点

图 3—6—1　危化品泄漏燃爆

图 3—6—2　危险化学品泄漏

危险化学品泄漏事故的特点是发生突然、有毒有害物质泄漏量大、扩散迅速、持续时间长、涉及面广、伤害形式特殊、对人员危害极大、救援困难等。

若违背科学紧急救援规律，会引起二次灾害，加重社会危害程度。

二、危险化学品泄漏事故的应急救援

危险化学品泄漏事故的应急救援，要遵循“先控制”（控制有毒区域和控制染毒人员）、“后处置”（控制的同时实施侦检、监测、疏散救人、处置毒源）和救人第一的准则。

图 3－6－3

快速应战	①要做到调度快、到达现场快、准备工作快、疏散人员快，正确采取措施，果断处置，以快制快 ②针对泄漏的类型，立即从上风口或侧风口接近现场，进入临战状态
紧急疏散	遵循“先救人、后堵漏、再灭火”的战术原则： ①一旦接触氯气和丙烯腈等危险化学品应立即救护，将中毒者迅速撤离现场，转移到上风或侧风方向的无污染地区，不要做剧烈运动，尽快送往医院观察治疗；对呼吸困难的中毒人员，应立即使其吸氧并送医院治疗 ②紧急救助员应协助公安部门和相关部门紧急疏散波及区的人员，专人引导疏散人群，朝上风方向或侧风方向转移，千万不要顺风跑，不要在低洼处滞留，在疏散或撤离的路线上设立哨位，在没有防毒面具的情况下，尽量用湿毛巾捂住口鼻 ③当波及相关工厂人员疏散时，相关企业应立即落实安全停产措施
处置泄漏	①丙烯腈发生泄漏时，应立即用吸收材料吸收，防止流入水体，不得使用直流水扑救，因为用水灭火无效；氯气助燃，小火只能用水，不得用干粉和二氧化碳等灭火剂；进入重度危害区处理泄漏时，一般消防防护服对泄漏无防护效果 ②若已形成扩散毒气云团，为确保紧急疏散群众的时间，消防车从上风方向用喷雾水流对泄漏出的有毒气体进行稀释或改变有毒蒸气云的流向、扩散速度

续表

清理现场	①不间断地对泄漏区域进行定点与不定点的检测，及时掌握泄漏浓度和扩散范围，尤其是紧急救援结束撤离前的检测，经检测确认无污染后，方可清理现场 ②少量残液，用沙土和炉渣等吸收作无公害处理；对于大量残液，用泵抽吸或使用盛器收集处理。用喷雾水等清扫现场及低洼、沟渠等处，确保不留残液 ③最后，清点人员、车辆及器材，撤除警戒，做好移交，安全撤离

练一练

简述

1.危险化学品泄漏事故的特点有哪些？

2.危险化学品泄漏事故现场的紧急救援措施有哪些？

思考、拓展

阅读素材：2019 年全国十大生产安全事故

依据阅读素材，结合搜集的资料，谈谈各种类型事故灾害的紧急救援措施。

第七节 学校火灾应急预案

一、总则

(一) 编制目的

为了预防和减少学校火灾危害，进一步贯彻落实“预防为主，防治结合”的方针，确保学校和广大师生员工的生命和国家财产安全，保证学校各项工作顺利进行，坚决消除影响安全的重大隐患，及时迅速扑救可能发生的火灾，遏制和减少火灾造成的人员和财产损失，结合我校实际情况，制定本预案。

(二) 编制依据

依据《中华人民共和国消防法》、《机关、团体、企业事业单位消防安全管理规定》等相关法律、法规。

(三) 使用范围

本预案适用于我校处置火灾灾害事故的应急活动

(四) 工作方针与原则

1.以人为本，减少危害。把保障师生员工生命安全和身体健康，最大程度地预防、减少和消除火灾事件造成的人员伤亡、财产损失和社会影响作为首要任务，切实加强突发事件管理工作。

2.统一领导，分级负责。在学校统一领导和学校火灾事故应急领导小组组织协调下，各部门、教职工按照各自的职责和权限，负责火灾事故的应急管理和应急处置工作，建立健全应急预案和应急机制。

二、应急组织机构及职责

1.应急指挥部及职责

总指挥：×××

副总指挥：×××

成员：全体教师

主要职责：

(1) 加强领导，健全组织，强化工作职责，完善各项应急预案的制定和各项措施的落实。

(2) 充分利用各种渠道进行消防安全知识的宣传教育，组织、指导全校消防安全常识的普及教育，广泛开展消防安全和有关技能训练，按照计划定期开展应急演练，不断提高广大师生员工的防范意识和基本技能。

(3) 认真搞好各项物资保障，严格按预案要求积极筹储，落实饮食、教材教具、应急设备等物资准备工作，强化管理，使之保持良好状态。

(4) 采取一切必要手段，组织各方面力量全面进行救援工作，把灾害造成的损失降到最低点。

(5) 调动一切积极因素，全面保证和促进学校安全稳定。

2.灭火行动组及职责

组长：×××

副组长：×××

成员：各班班主任

主要职责：

利用学校配置的消防器材及有关设施，全力进行扑救。

3.通讯联络组及职责

组长：×××

副组长：×××

成员：各班班主任

主要职责：

迅速与学校保卫处或相关部门取得联系，引导应急人员和设备进入事故现场；拨打119消防电话，联络有关部门、个人，组织调遣消防力量；负责对上、对外联系及报告工作。

4.疏散引导组及职责

组长：

副组长：

成员：各班班主任

主要职责：

引导有关人员迅速疏散自救，确保人员安全快速疏散，在安全出口以及容易走错的地点安排专人值守，搜索未及时疏散人员，并将其疏散至安全区域。

5.安全防护救护组及职责

组长：

副组长：

成员：各班班主任

主要职责：

利用现有医疗器材对伤员进行紧急救护，拨打120急救电话并视情转送医疗结构。

6.警戒组

组长：

副组长：

成员：保卫科人员

主要职责：

负责在事故现场和学校周围设置警戒线，维护现场秩序，引导外部救援力量进入现场，保护学校财产安全。

三、应急行动

(一) 应急准备

领导小组依法发布有关消息和警报，组织各项消防救援工作；各有关组织随时准备执行应急任务。

(二) 应急处置程序

1.领导小组得悉消防紧急情况后立即赶赴指挥部，各应急队伍迅速集结待命。

2.通讯组迅速发出紧急警报，疏散组组织各种建筑物内的所有人员撤离。

3.灭火行动组组织有关人员对所属建筑进行全面检查，停止各项室内大型活动。

4.灭火行动组加强对易燃易爆物品、有毒有害化学品的管理，加强供电输电、保管室等重要设备、场所的防护，保证顺利进行。

5.安全救护组迅速关闭、切断非消防电源、供水系统(应急照明系统除外)和各种明火，防止次生和衍生事故发生。

6.安全救护组迅速开展以抢救人员为主要内容的现场救护工作，及时将受伤人员转移并送至附近救护站抢救。

7.灭火行动组加强对重要设备、重要物品的救护和保护，加强校园值班值勤和巡逻，防止各类犯罪活动的发生。

8.警戒组对事故现场学校周围设置警戒线，火灾扑灭后根据应急指挥部命令可解除学校周围和事故现场警戒线。

四、火灾之后的善后工作

1.加强对广大师生的宣传教育，做好师生、家长的安抚工作。

2.加强各类值班值勤，保持通讯畅通，及时掌握学校情况，全力维护正常教学、工作和生活秩序。

3.迅速了解和掌握学校火灾情况，及时汇总上报。

第四章　突发公共卫生事件的应急救援基础知识

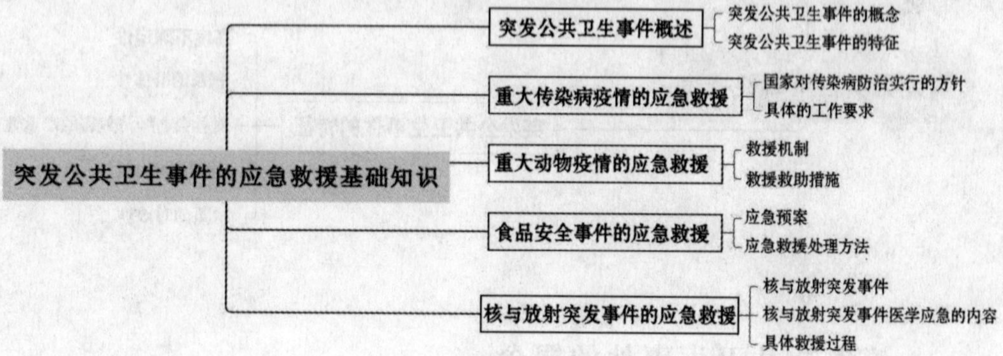

【学习目标】

1.理解掌握突发公共卫生事件的工作原则；医疗卫生、重大动物疫情事件，食品安全事件，核与放射突发事件等的紧急救援。

2.了解突发公共卫生事件的分类及危害；医疗卫生、重大动物疫情事件，食品安全事件，核与放射突发事件等的含义及特点。

第一节　突发公共卫生事件概述

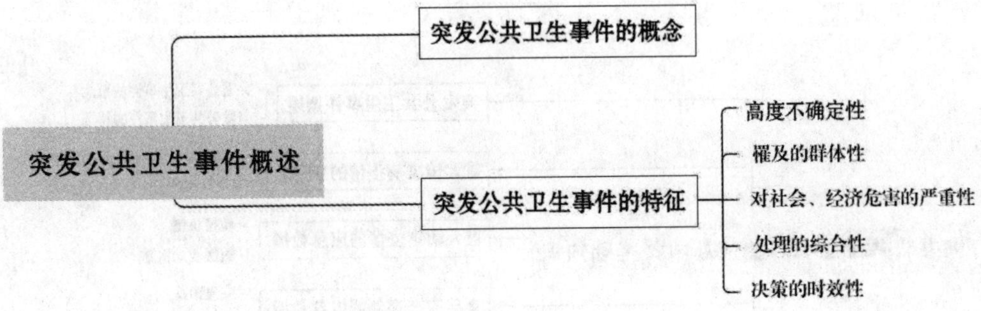

一、突发公共卫生事件的概念

虽然各国对突发公共卫生事件的定义在表述上略有不同，但其所涉及的内容和性质基本相同。

图 4－1－1

图 4－1－2

根据国务院颁布的《突发公共卫生事件应急条例》，我国突发公共卫生事件是指：突然发生，造成或者可能造成社会公众健康严重损害的重大传染病疫情、群体性不明原因疾病、重大食物和职业中毒，以及其他严重影响公众健康的事件。

二、突发公共卫生事件的特征

高度不确定性	突发公共卫生事件具有突发性和难以预测性，有的甚至不可预测
罹及的群体性	突发公共卫生事件往往同时罹及多人，甚至波及整个工作或生活的群体。特别是在经济全球化高度发展的今天，随着国际交往的不断加深，可能导致其跨地区、跨国界传播
对社会、经济危害的严重性	由于其发生突然，罹及数众，损失巨大，具有公共危险性，严重影响社会经济秩序，因此其造成的社会危害相当严重
处理的综合性	由于突发公共卫生事件严重威胁群众健康，造成极大的社会负面影响，其抢救干预、原因调查和善后处理常常需要多系统、多部门的密切配合，必须在政府的统一领导下才能综合协调解决
决策的时效性	突发公共卫生事件具有发生的突然性和事件演变过程的难以预测性，救治机会稍纵即逝，要求应对者必须果断决策，迅速干预

练一练

1.什么是突发公共卫生事件？

2.简述突发公共卫生事件的特征。

第二节　重大传染病疫情的应急救援

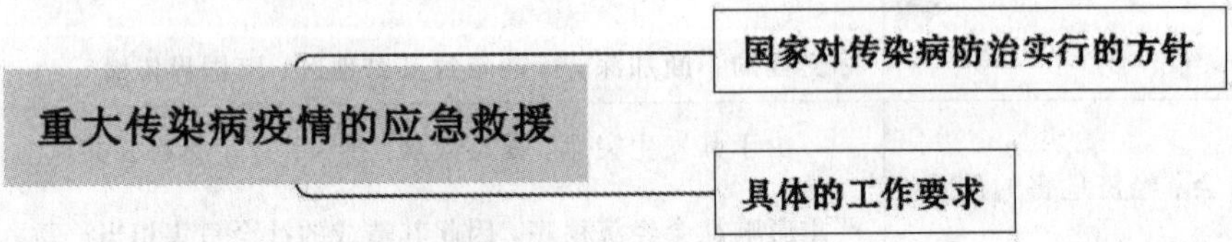

一、国家对传染病防治实行的方针

国家对传染病防治实行的方针是："预防为主、防治结合、分类管理、依靠科学、依靠群众"。

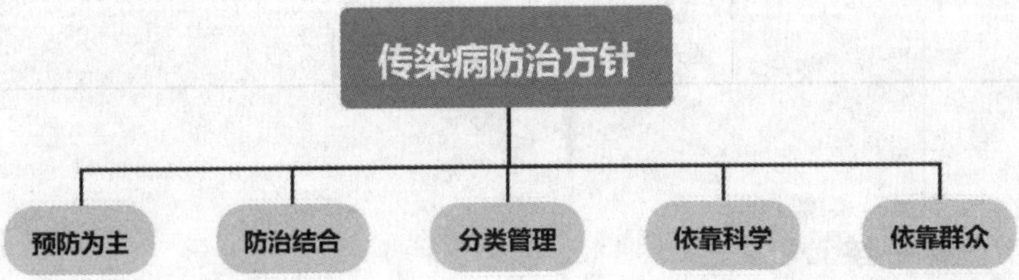

二、具体的工作要求

图 4—2—1　群防群控

1.坚持"预防为主"的工作方针，积极组织落实应对传染病流行的各项准备工作；

2.统一领导和指挥，积极协调各级、各部门落实应对传染病流行的各项准备工作；

3.加强人员、技术和物资准备；

4.及时预警，有效应对，加强传染病流行的监测预警能力，依靠科学技术，及时做好应对传染病大规模流行的各项工作。

三、重大传染病疫情主要防控措施

1.隔离制度

2.传染病爆发、流行时的紧急措施

3.其他制度

思考、拓展

结合亲身经历，谈谈我们是如何应对新冠疫情的。

第三节　重大动物疫情的应急救援

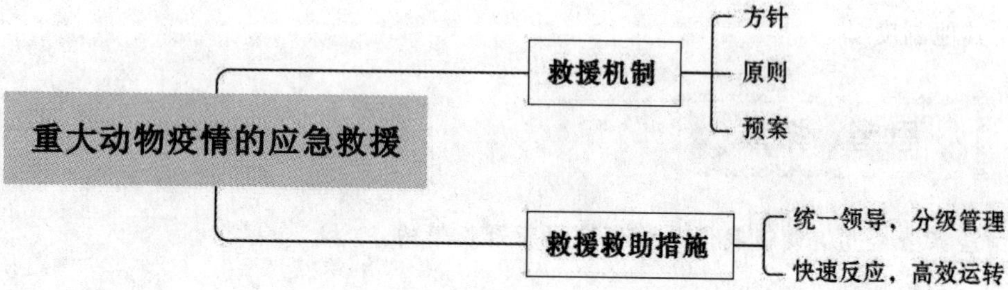

一、救援机制

（一）重大动物疫情救援工作的方针

应当坚持加强领导、密切配合、依靠科学、依法防治、群防群控、果断处置的方针，及时发现，快速反应，严格处理，减少损失。

（二）重大动物疫情救援工作按照属地管理的原则

实行统一领导、部门分工负责，逐级建立责任制。

（三）重大动物疫情救援预案

其内容主要包括以下几个方面：

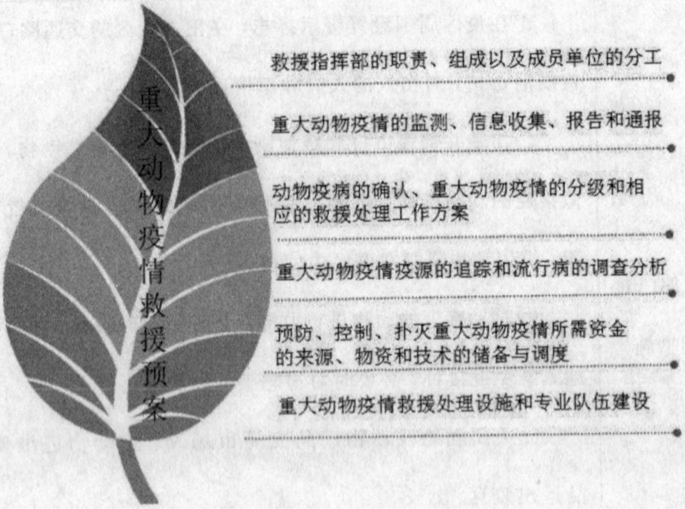

二、救援救助措施

(一) 统一领导，分级管理

发生重大动物疫情时，当地政府统一领导和指挥突发重大动物疫情紧急救援处理工作。根据突发重大动物疫情的范围、性质和危害程度，对突发重大动物疫情采取分级管理措施。

(二) 快速反应，高效运转

(1) 紧急救助员到达疫区后根据控制工作的需要，依法对疫区实施封锁	
(2) 确定重大动物疫情信息发布标准，发布突发重大动物疫情信息	
(3) 协助有关部门对疫点采取下列措施	①扑杀并销毁染疫动物和易感染的动物及其产品 ②对病死的动物、动物排泄物、被污染饲料、垫料、污水进行无害化处理 ③对被污染的物品、用具、动物圈舍、场地进行严格消毒

续表

(4) 协助有关部门对疫区采取下列措施	①在疫区周围设置警示标志，在出入疫区的交通路口设置临时动物检疫消毒站，对出入的人员和车辆进行消毒 ②扑杀并销毁染疫和疑似染疫的动物及其同群动物，销毁染疫和疑似染疫的动物产品，对其他易感染的动物实行圈养或者在指定地点放养，役用动物限制在疫区内使役 ③对易感染的动物进行监测，并按照国务院兽医主管部门的规定实施紧急免疫接种，必要时对易感染的动物进行扑杀 ④关闭动物及动物产品交易市场，禁止动物进出疫区和动物产品运出疫区 ⑤对动物圈舍、动物排泄物、垫料、污水和其他可能受污染的物品、场地进行消毒或者无害化处理
(5) 协助有关部门对受威胁区域采取下列措施	①对易感染的动物进行监测 ②对易感染的动物根据需要实施紧急免疫接种 ③协调有关部门紧急组织调拨疫苗、消毒药品等救援物资 ④组织对抗疫及补偿等费用和疫情损失的评估及上报 ⑤对疫区人员可能感染疫情的情况应及时联系当地卫生医疗机构进行有效救治 ⑥协调有关部门开展对疫区周边养殖、运输、屠宰和市场环节动物疫情的监测和防控工作，防止疫情的传入和扩散

练一练

1.重大动物疫情救援工作的原则是什么？

2.重大动物疫情救援预案内容主要包括哪几个方面？

3.简述重大动物疫情救援救助措施。

第四节 食品安全事件的应急救援

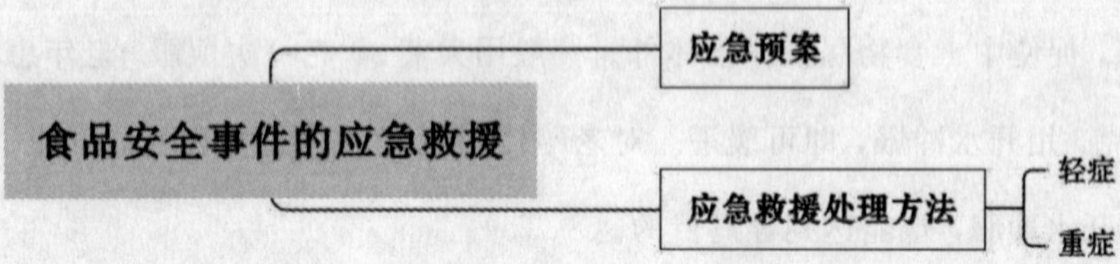

图 4—4—1

“民以食为天”，中国人，这个最关心“吃”的民族，却对食物失去了信仰，食品安全令人担忧。

一、食品安全事件的应急预案

建立健全应对食品安全事故运行机制，有效预防、积极应对食品安全事故，高效组织应急处置工作，最大限度地减少食品安全事故的危害，保障公众健康与生命安全，维护正常的社会经济秩序。

食品安全事件的应急救援处理方法：

1.轻症者应注意观察病情变化，一般不需要特殊治疗；

2.症状较重者应首先排出毒物，包括催吐、导泻，然后进行解毒治疗和对症治疗。

催吐：如果服用时间在1～2小时内，可使用催吐的方法。立即取食盐20克加温开水200毫升化开后一次喝下，如果不吐，可多喝几次，促进呕吐；亦可用鲜生姜100克捣碎取汁，用200毫升温水冲服；还可用筷子、手指或羽毛等刺激咽喉，引发呕吐。对已昏迷的患者不要强行向其口内灌水催吐。

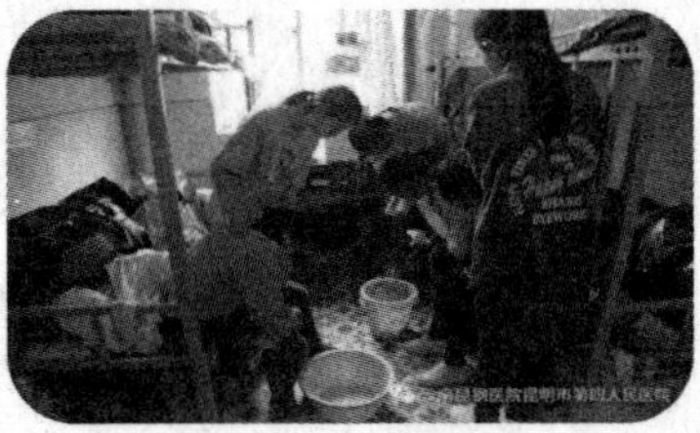

图4－4－2　催吐

导泻：如果病人服用食物时间较长，一般已超过2～3小时，而且精神较好，则可服用一些泻药，促使中毒食物尽快排出体外。一般用大黄30克一次煎服，老年患者可选用元明粉20克，用开水冲服，即可缓泻。对老年体质较好者，也可采用番泻叶15克一次煎服，或用开水冲服，也能达到导泻目的。

解毒：如果是吃了变质的鱼、虾等引起的食物中毒，可取食醋100毫升加水200毫升，稀释后一次服下。此外，还可采用紫苏30克、生甘草10克一次煎服。若是误食了变质的饮料或防腐剂，可用鲜牛奶或其他含蛋白的饮料服用。其他明确中毒物质有条件的可应用针对性解毒药物，如亚硝酸盐中毒则静脉注射1％亚甲蓝溶液等。

3.呼吸困难者应给予吸氧。

4.及时送医院诊治。

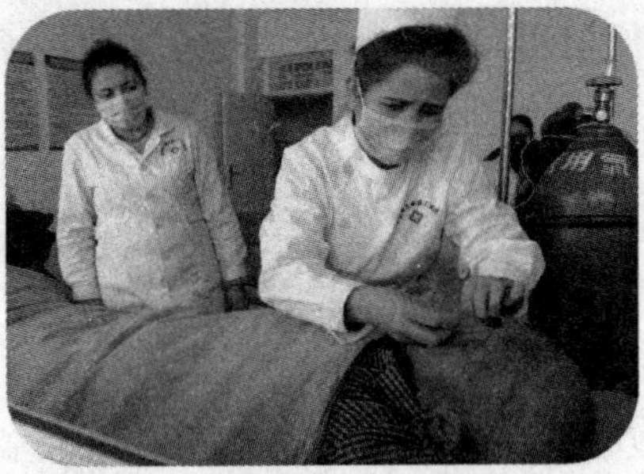

图4－4－3　吸氧

图4－4－4　就医

练一练

针对食品中毒事件，视症状轻重等情况，说说应急救援处理方法。

第五节 核与放射突发事件的应急救援

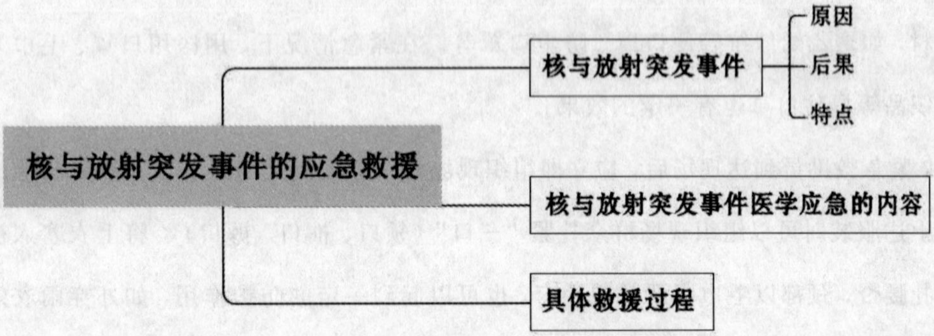

一、核与放射突发事件

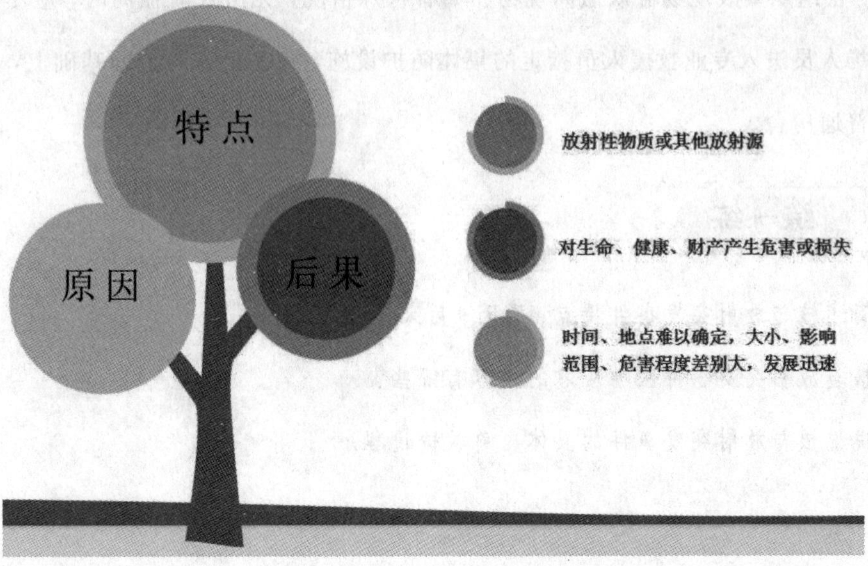

二、核与放射突发事件医学应急的内容

对公众和应急救援人员进行防护、对伤员进行救治、做好卫生防疫工作、对公众进行宣传教育和心理咨询、过量受照人员的医学观察。

三、具体救援过程

1.紧急救助员到达现场后，应立即组织现场群众佩戴防毒面具和其他简易呼吸道防护器材，如聚乙烯纤维轻便口罩、防尘口罩等。在紧急情况下，用医用口罩、毛巾及其他纺织品等捂住口鼻也有一定的效果。

2.紧急救助员到达现场后，应立即组织现场群众穿戴制式防毒衣或布料防护服。不具备上述服装时可以组织现场群众扎紧“三口”（领口、袖口、裤口），将上衣塞入裤腰或外扎腰带，颈部以毛巾围严并戴手套，也可以起到一定的防护作用，如外穿雨衣效果更好。此外，还可让现场群众戴防毒眼镜或周边密封的护目镜对眼结膜进行保护。

3.如有可能，应在现场专业医护人员的指导下，协助现场群众口服解毒药物，注射解毒针，而后马上将群众转送就近医院接受治疗。

4.尽快组织事故现场群众撤离现场。如有特殊情况，无法及时撤离时，应尽快组织事故现场人员进入专业救援人员指定的集体防护设施，或在个人防护的基础上，进入较密闭的普通房舍。

练一练

1.简述核与放射突发事件特点、原因、后果。

2.核与放射突发事件医学应急的内容有哪些？

3.说说核与放射突发事件的具体应急救援过程。

第六节 学校疫情防控应急预案

公共卫生事件是指已经发生或者可能发生的、对公众健康造成或者可能造成重大损失的传染病疫情和不明原因的群体性疫病，其特点为成因多样性、分布差异性、传播广泛性、危害复杂性，是严重危害我们的健康，影响社会的稳定，影响经济的发展的因素之一。为了提高学校预防和控制突发疫情事件的能力和水平，减轻或者消除突发事件的危害，保障全体师生员工的身体健康与生命安全，维护学校正常的教学秩序和校园稳定，结合我校实际，特制定本预案。

一、总则

（一）编制目的

为科学有效的做好学校疫情防控工作，提高疫情防控和应对能力，最大程度地减少疫情对师生健康造成的危害，保障广大教职工、学生身心健康与生命安全，维护正常的教育教学秩序。

（二）编制依据

根据《中华人民共和国传染病防治法》、《中华人民共和国突发事件应对法》、《中华人民共和国国境卫生检疫法》、《中华人民共和国食品安全法》等法律法规，根据国家、省、市等各级行政部门对疫情防控的要求，结合本校实际，特制定本应急预案。

（三）适用范围

本预案适用于严重影响我校师生身心健康的重大传染病、群体性不明原因疾病、重大食物中毒等事件引起的公共卫生事件应急处理工作。

(四) 工作原则

1.预防为主、常抓不懈

大力宣传传染病防控知识，提高广大师生员工的自我防护意识和学校公共卫生水平，落实防控措施，做好日常检测，一旦发现疫情，立即采取有效的预防与控制措施，迅速切断传播途径，控制疫情的传播与蔓延。

2.迅速报告、及时处理

突发疫情灾害事件出现后，当事人、目击者及领导要在第一时间内向上级部门和领导报告，及时开展应对灾害事件工作。

3.依法管理、分级负责

认真落实责任制、严格执行国家有关法律法规，对传染性疾病的预防、疫情报告和控制工作实行依法管理和责任追究，学校防控工作采取层层追究责任制度。

二、组织领导

1.成立学校疫情防控工作领导小组，负责学校公共卫生事件防控组织领导工作，领导小组名单如下：

总指挥：校长、书记

副总指挥：副校长

成员：中层以上领导、各处室主任、年级组、班主任、保安

由校长担任救援总指挥，副校级领导任现场指挥

抢险行动组组长：

成员：

疏散引导组：各班班主任

通讯联络组：办公室

人员救护组：校医

后勤保障组：总务处

2.职责范围

抢险行动组负责发生灾害时迅速组织人员开展现场营救，尽力减少或避免人员伤亡和财产损失；

疏散引导组负责指挥师生转移到安全场所；

通讯联络组负责对内对外的信息沟通和上报工作；

人员救护组负责为现场伤员实施及时有效的救护，并在第一时间就近送至镇级以上医院；

后勤保障组负责妥善保管从现场抢救出来的物品，对贵重和危险物品要派专人看管并逐件登记造册，以免重复损坏、丢失；为现场救护工作提供车辆、水、食物等物资服务工作。

三、应急准备

（一）物资储备

落实突发事件专项资金，做好防护等传染病防治物资供应及保障。

（二）紧急隔离场所

根据学校实际情况，划分紧急隔离场所，场所可供日常生活所需，被隔离师生应与未隔离师生保持距离。

四、监测报告

根据《全国突发公共卫生事件应急预案》中的标准，并结合学校特点，将突发公共卫生事件进行分类。

（一）一般突发事件

1.建立突发疫情灾害事件的监测系统。健全学生晨、午检、因病缺勤追查与登记制度，班主任对早晨进班的每个学生进行观察、询问，了解学生出勤、健康状况。

2.学校内如尚无疫情发生，可保持正常的学习、工作和生活秩序，但对集体活动要进行控制。

3.呼吸道传染病流行期间，教室、图书馆、食堂等公共场所做到加强通风换气，并采取必要的消毒措施：肠道传染病流行期间，对厕所、粪便、食堂及饮用水加强消毒，并加强除“四害”工作。

4.严格执行出入校门管理制度

（二）重大突发事件

1.对接触者进行控制外，全校其他师生保持正常的学习、工作和生活秩序。

2.严格执行学校突发疫情灾害事件报告程序。在传染病暴发、流行期间，对疫情实行日报告制度和零报告制度。各校应严格按程序逐级报告，确保信息畅通。

3.紧急救援、根据事故性质向公安、交警、应急、卫生、防疫、交通管理等部门紧急救援，使灾情较快得以控制，受伤人员及时得到救治。

（三）特大突发事件

1.及时向区疾病预防控制中心和上级教育行政主管部门汇报学校的突发公共卫生事件的发生情况，对接触者进行紧急隔离并及时与有关部门取得联系进行紧急救援。

2.对学校进行全面消毒，彻底扫清病毒余留。

3.开展针对性的健康教育，印发宣传资料，在校园张贴宣传标语宣传画，提高师生员工的自我保护意识和防护能力，外出或进入学校要采取必要的防护措施。

五、善后处理

1.应急状态解除由学校突发疫情灾害事件处理工作领导小组宣布。

2.突发疫情灾害事件处理工作小组负责灾后的善后处置工作，及时调查灾情损失情况，伤亡人员情况，并形成书面材料上报，做好受伤人员的救治和灾后现场处理、恢复正常教学秩序及重建等工作。

3.配合有关部门进行事故的调查处理，做好事故的善后抚恤及处理工作，并与保险公司等单位取得联系，依法处理，协调赔偿，努力维护学校和社会的稳定

4.对在突发疫情灾害事件中，隐瞒不报、行动迟缓、贻误战机，抗令不遵等事件与责任人，将严肃处理！

第五章　社会安全突发事件的紧急救援基础知识

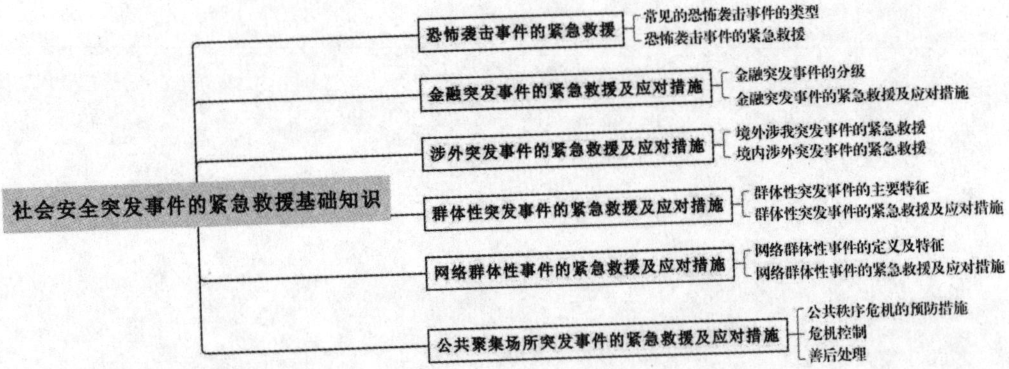

【学习目标】

1.了解社会安全类突发事件的类型；恐怖袭击事件、金融突发事件、涉外突发事件、群体性突发事件、网络群体性事件、公共聚集场所突发事件等的特点和危害。

2.理解恐怖袭击事件的类型，金融突发事件的分级，大规模群体性突发事件的群体行为，网络群体性事件的新动向，公共聚集场所突发事件的处置程序等。

第一节　恐怖袭击事件的紧急救援

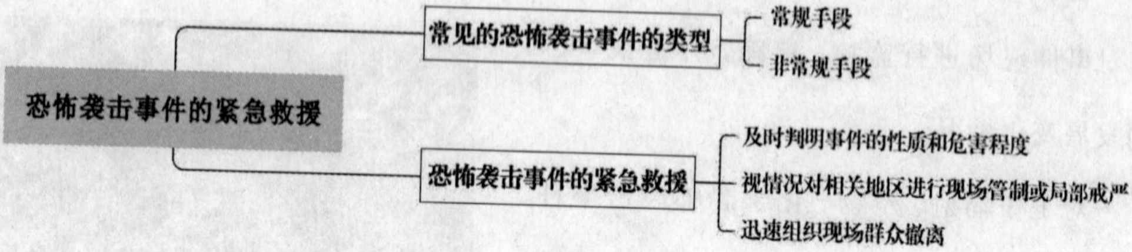

一、常见的恐怖袭击事件的类型

根据公安部2008年印发的《公民防范恐怖袭击手册》，可将恐怖袭击分为两大类：

常规手段	①爆炸。炸弹爆炸、汽车炸弹爆炸、自杀性人体炸弹爆炸等 ②枪击。手枪射击、制式步枪或冲锋枪射击等 ③劫持。劫持人、劫持车、船、飞机等 ④纵火
非常规手段	①核与辐射恐怖袭击。通过核爆炸或放射性物质的散布、造成环境污染或使人员受到辐射 ②生物恐怖袭击。利用有害生物或有害生物产品侵害人、农作物、家畜等 ③化学恐怖袭击。利用有毒、有害化学物质侵害人、城市重要基础设施、食品与饮用水等 ④网络恐怖袭击活动。利用网络散布恐怖袭击、组织恐怖活动、攻击计算机程序和信息系统等

二、恐怖袭击事件的紧急救援

恐怖袭击事件发生后，紧急救助员应按照事发地政府指挥部统一指挥，采取相应的处置措施。

（一）及时判明事件的性质和危害程度

紧急救助员在到达现场迅速采取紧急救援举措的同时，应立即报告相关部门，并迅速对事件现场进行监控、追踪，并上报事态的发展变化情况。

图 5－1－1　紧急救援

对于核辐射、生物、化学恐怖袭击事件要迅速配合经济、科技、公安、农业、卫生、环保、质检等相关部门和相关专家深入研究，判明事件的性质和危害程度，及时向反恐怖工作协调小组报告情况并采取相应的处置措施。

（二）视情况对相关地区进行现场管制或局部戒严

根据上级相关部门发布通知、通告的要求，紧急救助员结合现场实际情况，说服公众自觉遵守非常时期的有关规定，协助当地政府对事件发生地区进行管制、戒严，并采取妥善措施，提供医疗救助和生活保障，维护生产、工作、生活和社会秩序。

（三）迅速组织现场群众撤离

事件发生后，紧急救助员迅速组织力量抢救伤员，疏散人群，安置群众，封锁和隔离相关区域，防止建筑物坍塌、水电气泄漏，并配合有关专家排除爆炸装置、辐射源，有效控制核辐射、疫情、毒气扩散等工作，及时组织实施现场检查或人质解救、谈判工作。

图 5－1－2　现场管制

图 5－1－3　紧急撤离

练一练

1.填空

(1) 常见的恐怖袭击事件分为________、________两大类型。

(2) 枪击、劫持属于恐怖袭击事件的________类型。

2.简答

简述恐怖袭击事件发生后，应采取怎样的应急处置措施。

第二节　金融突发事件的紧急救援及应对措施

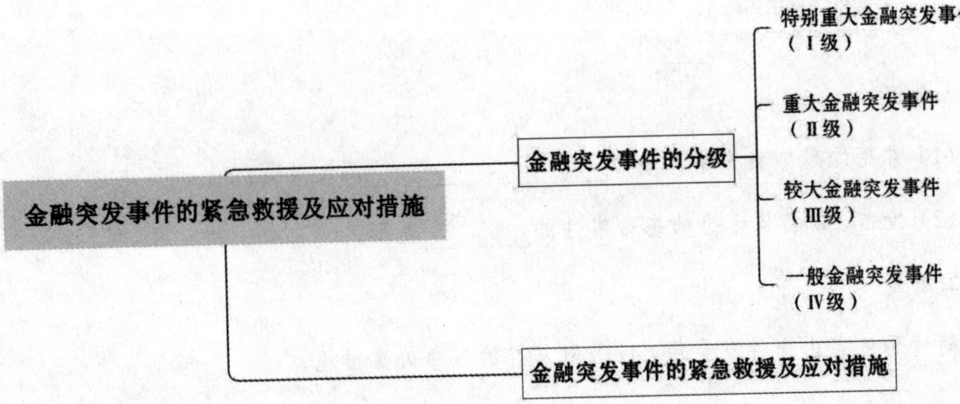

一、金融突发事件的分级

按照金融突发事件危害程度、影响范围等，金融突发事件应急响应级别分为Ⅰ级、Ⅱ级、Ⅲ级、Ⅳ级四个级别。

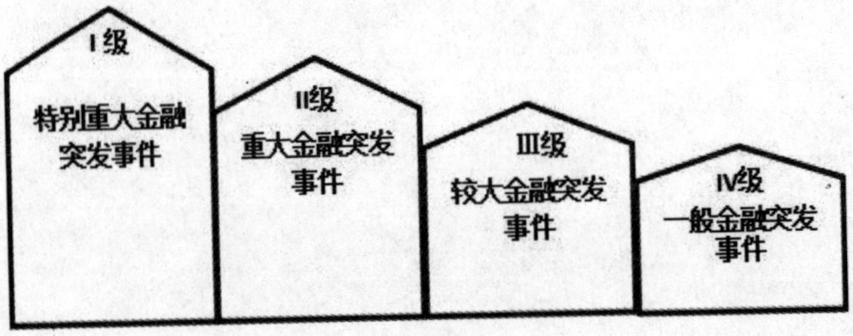

金融突发事件的分级

特别重大金融突发事件（Ⅰ级）	①具有全国性影响的金融（含证券、期货）突发事件 ②在银行、证券（含期货）、保险两个以上行业中已出现或将要出现连锁反应，需要各有关部门协同配合，共同处置的金融突发事件 ③具有全国性影响的，已经影响或极有可能影响市内宏观金融稳定的金融突发事件 ④造成全市范围内重要业务系统不能正常办理相关业务，且恢复时间超过可容忍时间的突发事件 ⑤造成全市性重要业务系统的电子数据全部或部分丢失、毁损，需要长时间进行手工业务处理的突发事件 ⑥其他需要按特别重大事件对待的金融突发事件
重大金融突发事件（Ⅱ级）	①涉及多个县（市、区），所涉及的县（市、区）政府或其相关金融行业监管部门不能单独应对，需要进行跨地区或跨部门协调的金融突发事件 ②银行、证券（含期货）、保险单个行业中发生的，在该行业中具有广泛性影响的金融突发事件 ③造成多个区重要业务系统不能正常办理业务，且恢复时间超过可容忍时间的突发事件 ④其他需要按重大事件对待的金融突发事件
较大金融突发事件（Ⅲ级）	①涉及市内多个区域，县（市、区）政府或其相关金融行业监管部门能单独应对，不需要进行跨区或者跨部门协调的金融突发事件 ②造成区内某个区域重要业务系统不能正常办理业务，且恢复时间超过可容忍时间的突发事件 ③其他需要按较大事件对待的金融突发事件
一般金融突发事件（Ⅳ级）	①涉及市内某个区域，该区域所属的县（市、区）政府或其相关金融行业监管部门能单独应对，仅在该区域造成影响的金融突发事件 ②其他需要按一般事件对待的金融突发事件

当金融突发事件等级指标有交叉、难以判定级别时，按较高一级突发事件处理；当金融突发事件等级随着时间的推移有所上升时，按升级后的级别处理。

二、金融突发事件的紧急救援及应对措施

1.及时掌握情况，果断采取措施，最大程度减少危害和损失。处置突发金融事件必须坚持高效务实原则，尽可能将危害降到最低，防止金融突发事件对宏观金融稳定、经济安全和社会稳定造成不良影响。

2.准确收集、整理、上报有关信息，向有关部门通报金融突发事件的信息。

3.协助事发地政府及有关监管部门做好对债权人、被保险人等的宣传、解释、说服工作。

4.如因金融突发事件而造成银行或其他金融机构出现互相排挤的情况，紧急救助员应第一时间到达现场，及时、耐心地疏导群众撤离现场，以免因金融突发事件发生其他危及群众生命安全的突发事件。

第三节　涉外突发事件的紧急救援及应对措施

涉外突发事件的紧急救援及应对措施

- 境外涉我突发事件的紧急救援
- 境内涉外突发事件的紧急救援

一、境外涉我突发事件的紧急救援

1.应与我国驻外使领馆保持联系，了解突发事件的起因、规模、伤亡人员姓名、人数、状况、国内的联系单位、家属联系方式以及财产损失等基本情况；

2.迅速组织现场人员有序撤离事故现场，安抚受害人员的情绪，制止事态的进一步发展；

3.如有人员伤亡，首先要让伤员得到及时的现场救治，稳定伤情并迅速联系事发地医疗机构使伤员得到及时有效的医疗救治。

二、境内涉外突发事件的紧急救援

1.事发地政府应迅速组织力量控制局面，制止事态的发展；

2.协助事发地人民政府做好现场的先期处置工作，包括了解并上报事件的规模、伤亡人员姓名、人数、状况、国籍、财产损失等基本情况；

3.安抚事件中的受害人员，帮助受害人员及早就医并转移保护有关人员等。

阅读材料

道路运输重大涉外突发事件应急预案

建立健全即墨市交通运输局处置道路运输重大涉外突发事件应急机制，使应对工作规范化、科学化，明确局属各单位和运输企业的职责，有效预防、及时控制道路运输重大涉外突发事件，维护国家利益，保障外资企业人员、外国公民在我市道路运输过程中的生命财产安全及其合法权益，创造安全、稳定、和谐的社会环境。根据《中华人民共和国突发事件应对法》等相关法律制定本预案。

一、适用范围

在即墨市境内发生道路运输事故，造成外资企业和人员、外国公民特别重大的人员伤亡、财产损失的突发事件。

二、工作原则

1.以人为本、力保安全

坚持执政为民、以人为本，以国家利益、人民生命财产安全为处置道路运输重大涉外突发事件各项工作的出发点和落脚点，最大程度地维护我市外资企业、外国人员和公民的生命财产安全，维护其合法权益，积极预防，尽力避免或最大限度地减少损失。

2.统一指挥、分工负责

道路运输重大涉外突发事件的处置工作由局安委会根据市政府的指示，统一指挥、协调、组织实施。根据事件的性质、规模和影响，由局属各单位和运输企业按照职责分工，密切配合，快速行动，处置交通运输重大涉外突发事件的各项工作。

3.畅通联络、共享信息

局属各单位、各运输企业要与局安委会保持通信联络畅通，及时上报信息，相互之间加强信息沟通，作到信息共享，提高应对涉外突发事件的能力。

4.依法办事、保守秘密

对道路运输重大涉外突发事件必须依法决策和处置，遵守国家法律法规和国际条约的相关规定，保障我市外资企业和外国人员的生命财产安全及其合法权益不受侵犯。在应急过程中，必须严格遵守国家保密规定和外事纪律，保守国家机密、商业秘密。

三、应急组织体系及职责

1.应急指挥机构

局安委会根据需要，设立即墨市交通运输局道路运输重大涉外突发事件应急工作领导小组，由局长任组长，副局长任副组长，组员由王俊秀、吕军、孙颜波、吕良忠、黄强、杨咏梅、邱文选、王正耀、赵建军、李娜组成。下设现场救援组、后期保障组、事故调查组、善后稳定组、通信联络组，办公室设在局安办，并配备10台应急运输救援车辆。

2.应急领导小组职责

（1）在市政府领导下，统一指挥、协调、组织我市道路运输重大涉外突发事件的应急处置工作。

（2）收集、研究道路运输重大涉外突发事件的各类信息，判断事件形势及事态发展走向。

（3）决定对道路运输重大涉外突发事件的处置决策和应对措施，指挥各应急队伍组织实施，并监督检查落实情况。

（4）研究、决定其他有关应急处置工作的重大事项。

四、现场处置程序

1.通信联络组在收到求救电话或者报告后，应立即向领导小组组长报告，并按照组长的指示通知各小组启动应急预案，调度安排应急救援人员、车辆、物资，督促各小组及时展开救援。各有关单位要迅速组织有关人员投入抢险救援工作，有秩序地开展工作，防止事态扩大，并随时上报有关情况。

2.现场救援组要立即赶赴事故现场，利用技术设备积极救治受伤人员和施工机械设备；指导受伤人员进行自救互救，减少损失；适时增补救援人员，增强救援力量；必要时，对事故现场周围的居民、学校、厂矿人员进行疏散，防止灾害蔓延。

3.善后稳定组要从快处理善后事项，尽快转移受伤人员，及时将重伤员送往附近医院，制定事故处理措施，按照有关规定，做好外资企业、外国人员和公民的抚慰工作和思想工作，维护正常的交通和生产生活秩序，严格新闻采访程序和纪律，客观公正地宣传报道，克服不良影响。

4.后勤保障组要根据应急工作需要，及时调度救援车辆，调运救援物资、器材、设备，保障应急救援急需，并为各组应急救援人员提供生活保障。

5.事故调查组要注意保护现场，确定保护区域，查找物证，及时了解情况，询问当事人和目击者，查明事故原因，拟定处理意见，追究当事人和责任人的责任。

五、后期处置

各有关单位应进一步作好有关人员安置、损失评估、赔偿、奖惩等后续事宜。

应急工作结束后，各有关单位应及时写出总结报告，上报局应急小组办公室，及时总结处置工作的经验和教训，修订本部门应急预案，或对本预案提出修改建议。

相关事项本预案自公布之日起执行。

第四节　群体性突发事件的紧急救援及应对措施

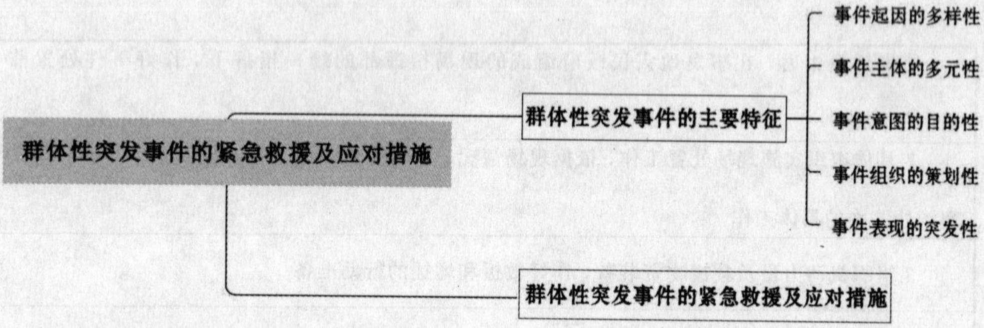

一、群体性突发事件的主要特征

社会群体性突发事件具有以下主要特征：

事件起因的多样性	引起群体性突发事件的主要原因有： 企业破产和改制中的下岗职工或失业人员的生活得不到保障；集资和股市风波危害群众利益；由于城市和农村征地拆迁中的不当措施及补偿安置难落实而引发的矛盾冲突问题；农民负担过重及参与渠道不畅通等
事件主体的多元性	近年发生的群体性突发事件已波及城市、农村、厂矿企业、机关、学校等众多行业和领域；参与人员包括在职和下岗职工、农民、个体业主、复转军人等

续表

事件意图的目的性	参与某种群体性突发事件的群体成员，其行为总是实现一定的目的。因此，解决某种问题，满足某种需要，是引发事件的基本动因
事件组织的策划性	目前发生的许多群体性事件都有一定的酝酿过程
事件表现的突发性	群体性突发事件大都属于“能量积累型”，就像地震、火山爆发，当能量积累超过所能承受的临界值后突然释放出来

二、群体性突发事件的紧急救援及应对措施

1.事件发生后，在事发地人民政府组成的现场指挥部的统一指挥下，作好事件处置前的工作部署
2.具体组织实施现场处置工作，依据现场情况，正确协助相关部门进行处置、协调和落实现场处置中的具体工作
3.组织机动力量及救援物资装备，作好救援和增援的行动准备
4.负责对人、财、物和机密档案等及时采取抢救、保护、转移、疏散和撤离等有效措施
5.全面掌握事态发生、发展的全过程及相关情况，及时向上级指挥机构报告，提出具体处置意见，为决策提供依据
6.根据上级救援指挥机构的指示，组织现场善后处理，安排群众有序撤出，并作好现场清理和保护
7.与相关部门负责人一起面对面地做群众工作，及时疏导化解矛盾和冲突，尽快平息事态
8.异地聚集的，积极联系群众来源地的政府，并劝阻群众不要再来异地聚集，配合聚集地政府做好教育工作

练一练

1.社会群体性突发事件的主要特征有哪些？

2.群体性突发事件的应对措施有哪些？

第五节　网络群体性事件的紧急救援及应对措施

- 网络群体性事件的紧急救援及应对措施
  - 网络群体性事件的定义及特征
    - 定义
    - 特征
  - 网络群体性事件的紧急救援及应对措施

一、网络群体性事件的定义及特征

（一）定义

图 5－5－1　虚拟网络

网络群体性事件，是指在一定社会背景下形成的网民群体为了共同的利益或其他相关目的，利用网络进行串联、组织、呼应，乃至可能或已经影响社会政治稳定的群体性非正常事件。

（二）特征

网络群体性事件是一种基于新媒介技术的特殊类型的社会事件，随着互联网的普及与发展，其发生也越来越频繁。

网络群体性事件具有：传播速度快，影响范围广；与实体性群体性事件虚实交织，影响难料；感召力强，一呼百应，以及易生谣言、舆论难控等特征。

二、网络群体性事件的紧急救援及应对措施

面对网络群体性事件的层出不穷，其影响力的日趋扩大，相关部门不应消极对待，而应采取措施积极应对。

具体可以做好以下几方面的工作：

(1) 健全法律法规，实施网络实名制；

(2) 做好教育工作，树立社会主义荣辱观；

(3) 使政务公开，政策透明，建立有效的沟通渠道；

(4) 政府电子政务部门要时刻关注重点社区论坛；

(5) 快速反应，理清真相。

第六节 公共聚集场所突发事件的紧急救援应对措施及应对措施

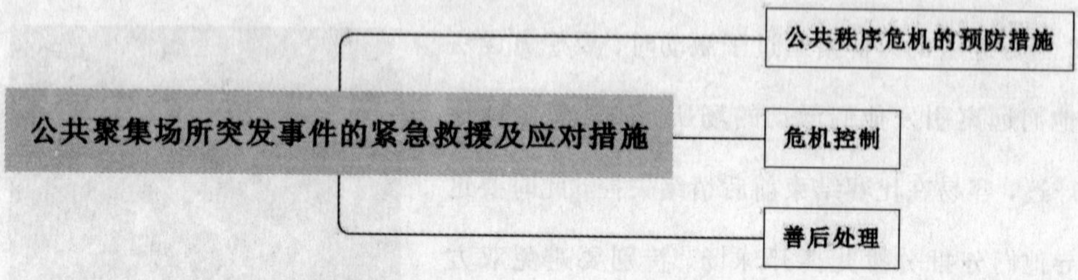

一、公共秩序危机的预防措施

公共危机和公共秩序混乱是一种难以避免的社会现象，因此，作为公共危机管理者的政府要有的放矢地做到以下几点：

1.对可能发生的涉及公共安全的风险进行全面评估，预测其类型、级别、概率、影响范围。

2.详尽地制定应对涉及公共安全风险的预案，并对风险进行有效监控，救援力量应随时处于待命状态。

3.定期演练各种救援预案，磨合、协调运行机制。

4.公共动员必须广泛深入，一是信息发布，使公众知情；二是防灾教育，告诉公众如何疏散。

二、危机控制

避免危机要监控整个事件的发展过程，当预感危机将要发生时，作为活动的管理者和组织者应迅速采取紧急救援措施。

1.在大型群众聚集场所，如大型演出现场、大型商场等，要及时采用隔离设施阻止人群过分拥挤，如设置隔离墩、栅栏等。

图 5－6－1　旅游景点聚集场所

2.当行进中的人群情绪过于激动时，要想方设法引导他们远离引发他们激动的场所，如观看足球比赛的球迷，容易在比赛结束前后情绪失控，此时要迅速引导他们分批分拨儿离开球场，特别要避免双方球迷发生正面冲突。

图 5－6－2

3.当人群在有序行进时，要密切关注每个人的反应。当行进速度较快，且人数众多时，应提醒人们不要弯腰系鞋带，不要捡地上的东西，注意脚下不要被绊倒，个人的行进速度要与整个队伍的行进速度相同。

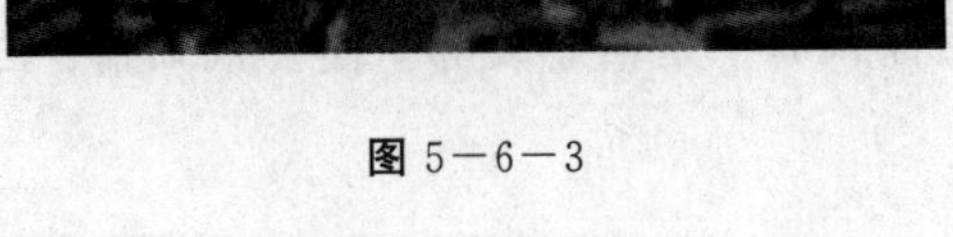

图 5－6－3

4.当发现行进的人群中有人摔倒时，作为管理者，要迅速发出或制造出巨响（可故意摔破某种东西），以此来转移行进人群的注意力，借他们停下脚步的时候，大声命令他们原地不动，使摔倒者赶快站起来，以免发生踩踏。

三、善后处理

1.及时向外公布事故真相，迅速消除公众恐慌情绪；

2.完成相关取证工作，尽量收集有关证据；

3.完成对相关人员的处置；

4.做好对死伤者家属的安抚工作，做好相关善后处理工作。

练一练

1.公共秩序危机的预防措施有哪些？

2.危机控制的预防措施有哪些？

第七节 社会安全突发公共事件应急预案

【案例导入】

6月10日上午9点许，60岁的浩口本地男性犯罪嫌疑人张泽清携带自制炸药、尖刀和汽油，潜入校园后直接进入二楼正在上课的六（4）班教室，劫持师生，情绪激动。

被劫持老师秦开美得知该男子动机后，一方面安抚学生，一方面劝说歹徒停止作案，并冷静地提出，让学生们先走，自己留下做人质。张泽清答应后，学生们得以迅速离开教室，全部转移到安全地带。同时，学校立即组织其他班级的学生也撤离。

一、总则

（一）编制目的

为有效预防、及时控制和妥善处理校园内各类突发公共事件，提高快速反应和应急处理能力，建立健全应急机制，确保我校师生员工的生命与财产安全，保证正常的教学科研和生活秩序，维护学校和社会稳定，制定本预案。

（二）编制依据

依据《中华人民共和国突发事件应对法》《突发事件预案管理办法》等法律法规，教育部《教育系统突发公共事件应急预案》，结合本校实际情况制定本预案。

（三）适用范围

本预案适用于全校应对各类社会安全突发公共事件的应急处置工作。

影响我校安全与稳定的其他突发公共事件。

(四)工作原则

1.统一指挥、分级负责。学校成立突发公共事件应急处置工作领导小组，全面负责学校突发公共事件应急处置工作。按照“分类管理，分级负责，条块结合，属地管理”的应急管理体制，发生突发公共事件后，各学院（单位）要在应急领导小组统一领导下，迅速启动应急预案。在处置工作中，既要密切配合、齐抓共管，又要明确分工、各负其责，严格落实领导责任制和责任追究制。

2.以人为本、群防群控。坚持从保护师生生命和财产安全的角度出发，充分发挥各级党组织和行政部门的作用，依靠全校广大师生，努力建立健全应对突发公共事件的有效机制，最大限度地减少公共突发事件造成的人员伤亡和财产损失及其他危害。

3.预防为本、疏导为主。坚持预防与应急处置相结合，立足于防范，常抓不懈，防患于未然。要按照“动之以情，晓之以理，可散不可聚，可顺不可激，可分不可结”的工作原则，积极做好教育和疏导工作，引导师生和群众以理性合法的方式表达诉求，防止矛盾激化和事态扩大。

4.依法处置、加强保障。按照国家相关法律、行政法规和政策，综合运用政策、法律、经济、行政等手段和教育、协商、调解等方法处置学校突发公共事件。要从制度上、组织上、物质上全面加强保障措施，在经费保障、力量部署等方面加强硬件与软件建设，增强工作实力，提高工作效率。

(五)突发公共事件的级别

突发公共事件按照事件的紧迫程度、形成的规模、行为方式和激烈程度、可能造成的危害和影响、可能蔓延发展的趋势等由高到低一般分为：特别重大事件（Ⅰ级）、重大事件（Ⅱ级）、较大事件（Ⅲ级）、一般事件（Ⅳ级）。

二、应急组织指挥体系及职责

（一）突发公共事件应急处置工作领导小组

1.学校成立突发公共事件应急处置工作领导小组（以下简称“应急领导小组”），组长由校党委书记、校长担任，副组长由各分管校领导担任。成员由党办、校办、宣传部、保卫部（处）、人事处、教务处、财务处、后勤处等单位和部门负责人组成。

学校应急领导小组的主要职责：负责决策、组织、指挥校内各类突发公共事件的应急响应行动，下达应急处置工作任务；加强与上级主管部门和校外相关单位的沟通和联系；根据需要召开干部、教师和学生会议，通报情况，宣传政策，统一思想；重大问题及时向省委省政府、省教育厅、市委市政府请示报告。

办公室的主要职责：负责了解相关突发事件情况，并及时向主要领导报告；检查了解各单位落实突发公共事件应急处理工作的情况；根据领导小组的意见，及时将有关情况向上级主管单位和相关部门报告；按照领导小组指示，协助宣传部门做好对外信息发布工作；督促有关部门根据突发公共事件的性质对相关责任人进行责任追究；及时完成领导小组交办的其他工作任务。

2.各学院、各直附属单位成立预防和处置突发公共事件领导小组，组长由学院（单位）党政主要负责人担任，成员由学院（单位）领导班子成员、办公室主任组成。主要职责是：按照学校的部署开展应对有关本学院（单位）突发公共事件的工作，做好本学院（单位）教职工、学生思想工作，负责了解收集和报告有关突发事件动态信息。

（二）学校突发事件应急处置指挥部

应急指挥部职责：发生突发事件时，由指挥部发布和解除应急处置命令；组织指挥处置队伍实施处置行动；必要时向有关单位发出救援请求；组织突发事件调查，总结应急处置工作经验教训。

应急指挥部下设四个应急处置专项工作组。各专项工作组的组成及主要职责是：

1.保卫工作组。组长由保卫处处长担任，成员由保卫处相关人员及各单位安全责任人组成。其主要职责是：

根据指挥部指示和安排，对校园楼栋、门房、交通等实施强制控制措施。如：实施区域警戒、交通管制、出入登记等；根据命令，组织实施抢险救灾、组织人员疏散、维持秩序；与上级公安机关及周边单位沟通、协调，争取支持，防止事态蔓延和校外人员进校侵扰。

2.学生工作组。组长由学生工作处处长担任，成员由学生工作处、各学院分管学生工作的院领导组成。其主要职责是：

按照应急指挥部指示和安排，召开学生干部、学生党员会议，通报情况，宣传政策，疏通引导，防止事态扩大；有针对性地对主要当事人进行调查了解和说服教育，动员组织其所在单位领导、老师对学生进行思想教育，联系学生家长协助学校做好学生工作；组织学生配合公安、保卫等部门的调查和处理工作。

3.信息发布组。组长由宣传部部长担任，成员由宣传部、信息化处、应急指挥部有关工作人员组成。其主要职责是：

收集整理应急指挥部及专项工作组的各类工作信息和动态，及时向相关领导和校内单位通报情况；建立信息通报机制，设置公开的信息发布渠道，如校园网、广播电视、微信、微博等各类新媒体等，加强宣传教育，正确引导舆论；负责校外媒体协调，按照应急领导小组或应急指挥部的指示对外发布信息；加强信息监督检查，杜绝不实报道，正确处理不良信息。

4.后勤工作组。组长由后勤处处长担任，成员由后勤处、设备处等相关单位负责人组成。其主要职责是：

保障校内水、电、气等正常供应；及时提供处置突发事件的各类材料和物资；动员和组织医务人员参与救灾救护工作；积极与校外医疗机构联系，保证伤病人员得到及时救治。

三、预防和预警机制

（一）预防预警

1.各单位要在学校应急领导小组的统一部署下，相互支持、密切配合，细化措施，明确责任，落实到人，切实把各项工作和要求落到实处。

2.加强应急反应机制的日常管理，加强人员培训，开展经常性的演练活动，提高队伍理论素质和实践技能，不断提高应对突发公共事件的指挥能力和实战能力，并在实践中不断运用和完善应急处置预案。

（二）信息报告与处置

建立畅通的信息传输渠道和严格的信息上报机制，完善快速应急信息系统。

1.信息报告

（1）报警与救护。突发事件发现者，应在第一时间内向学校总值班室和相关职能部门报告，并视情况向政府部门报警求助。遇到人员受伤，要及时拨打救护电话或迅速与当地医疗部门取得联系，并立即组织人员到路口接候救护车。

（2）报警电话

公安报警电话 110

火警 119

急救 120

2.信息上报

（1）上报单位。相关单位和职能部门接到突发事件报警后应立即向学校应急领导小组办公室和分管校领导报告，由应急领导小组办公室按规定视情况向政府相关部门报告。

信息上报方式除采用电话应急报告外，还应采取书面形式正式上报。如具体情况暂时不清楚的，可先报告突发事件概况，随后续报突发事件全部情况。

(2) 上报内容

报告突发事件的信息，应包括以下内容：

①事件发生基本情况，包括时间、地点、规模、涉及人员以及人员伤亡等情况；

②事件发生起因分析、性质判断和影响程度评估；

③已采取的措施；

④事态发展状态、处置过程和结果。

四、应急保障

(一) 信息保障

学校各相关部门要建立健全并落实突发公共事件信息收集、传递、报送、处理等各环节运行机制，完善信息传输渠道，保持信息传输设施和通讯设备完好，保持通讯方便快捷，确保信息报送渠道的安全通畅。

(二) 物资保障

学校各相关部门应建立处置突发公共事件的物资储备，保障妥善处置突发公共事件的物资充足。特殊应急物资应由专人保管，保证物资、器材的完好和可使用性。物资存放合理，保持通道畅通，物资运输便利、安全。

(三) 经费保障

学校建立处置突发公共事件专项应急资金，保证应急资金充足。

(四) 人员保障

由分管校领导负责组建突发公共事件应急预备队，一旦启动预案，立即投入使用。应急预备队按照突发公共事件的具体情况和指挥部要求及时调整成员组成。预备队主要由学校安全保卫、医疗卫生和后勤部门抽调的人员组成。

五、应急预案启动标准和响应程序

根据学校突发事件实际情况，启动应急响应。

（一）响应分级

根据突发事件严重程度、可控性、处置难度和影响范围等，分为一般（Ⅳ级）、较大（Ⅲ级）、重大（Ⅱ级）、特别重大（Ⅰ级）四级突发事件响应。

1.Ⅳ级响应

当造成人员受伤、事故等可能有影响的突发事件时，属于Ⅳ级响应。接到突发事件报告后，事发单位负责人应迅速赶赴现场，组织开展应急处置工作，并立即向学校应急领导小组办公室报告。应急领导小组办公室视情况协调有关部门人员赶赴现场指导处置工作。

2.Ⅲ级响应

当造成人员伤亡、人员聚集、一般事故等有影响的突发事件时，属于Ⅲ级响应。接到突发事件报告后，事发单位应迅速采取有效的控制措施，防止事态扩大，并迅速报告学校应急领导小组办公室和分管校领导。学校应急领导小组办公室接到报告后立即协调有关部门人员赶赴现场指导处置工作，并在 3 小时内向教育厅、市政府应急办报告。当出现各部门难以控制的态势时，应立即扩大响应，由分管校领导直接指挥，采取有效措施防止事态在全校范围蔓延。

3.Ⅱ级响应

当造成人员重大伤亡、群体性事件、重大事故等有重大影响的突发事件时，属于Ⅱ级响应。接到突发事件报告后，事发单位应当积极采取先期处置措施，控制事态发展，并迅速报告学校应急领导小组办公室和分管校领导；学校应急领导小组立即成立突发事件应急指挥部，迅速启动总体预案应急联动机制，展开应急救援指挥行动，并在 3 小时内向教育厅、市委、市政府报告。当出现难以控制或有扩大发展等事态时，立即向省教育厅、市委、市政府请求应急支援。

4. Ⅰ级响应

当造成特别重大人员伤亡、难以控制群体性事件、特别重大事故等有重大影响的突发事件时，属于Ⅰ级响应。接到突发事件报告后，学校在采取Ⅱ级响应一切措施的同时，应在地方政府统一协调下，采取果断有效的应急处置措施，全面动员，优先保护师生员工和周边群众生命安全，有力控制事态发展，防止次生事件发生，把突发公共事件危害降低到最低程度。

（二）响应程序

根据突发事件的大小和发展态势，明确应急指挥、应急行动、资源调配、应急避险、扩大应急响应等程序。

响应程序由发现者→报告→对外报警→实施应急措施→接应外部救援→警戒→疏散，应急响应图见附件。

六、应急结束及后期处置

（一）应急结束

突发事件现场得到控制，安全环境符合有关标准，突发事件导致的次生、衍生事件隐患消除，经学校应急领导小组批准，现场应急结束。

（二）后期处置

主要包括污染物处理（必要时请环保部门进行处理）、突发事件后果影响消除、恢复秩序、善后工作、处置过程和应急处置能力评估及应急预案的修订等内容。

（三）总结报告

在突发事件应急处置工作结束后应立即进行突发事件调查工作，开展突发事件应急处置中各应急小组的工作情况收集工作。3日内写出突发事件应急处置工作总结报告，交应急领导小组办公室。报告内容应有突发事件发生的经过、原因分析、突发事件后果、各小组救援过程简述、分析处置救援工作的不足（物资、信息、措施），提出防止类似突发事件发生的措施及应急预案应改进的方向等内容。

(四)信息发布

突发事件信息由应急领导小组或应急指挥部视情况向上级主管部门和新闻媒体通报。对于一般突发事件信息由学校党委宣传部发布，并由校应急领导小组办公室向省教育厅报告；对于影响范围广或涉及死亡的突发事件信息，除报省教育厅外，还应向政府、社会、新闻媒体发布。信息发布由应急领导小组或应急指挥部信息发布组负责，信息发布应做到及时准确。

七、奖惩

（一）对在突发事件应急处置方面有突出贡献的单位和个人，应给予适当的物质和精神奖励。

（二）对在应急处置中因严重失职，造成损失或重大影响的，视情给予经济处罚和纪律处分；构成犯罪的，移交司法机关处理。

八、附则

（一）本预案是学校处置突发事件应急准备和相应的工作文件，学校各部门应该严格按照规定执行。

（二）预案启动实施由应急领导小组组长决定。所有成员单位和小组成员要认真贯彻执行本预案，严格遵守信息保密制度，遵守工作纪律，确保信息安全，并保证联系畅通、便捷。

（三）各职能部门和各学院、直属单位按照本预案的规定履行职责，并制定相应的应急预案。

（四）本预案自发布之日起实施。

第六章　意外伤害现场的应急救援基础知识

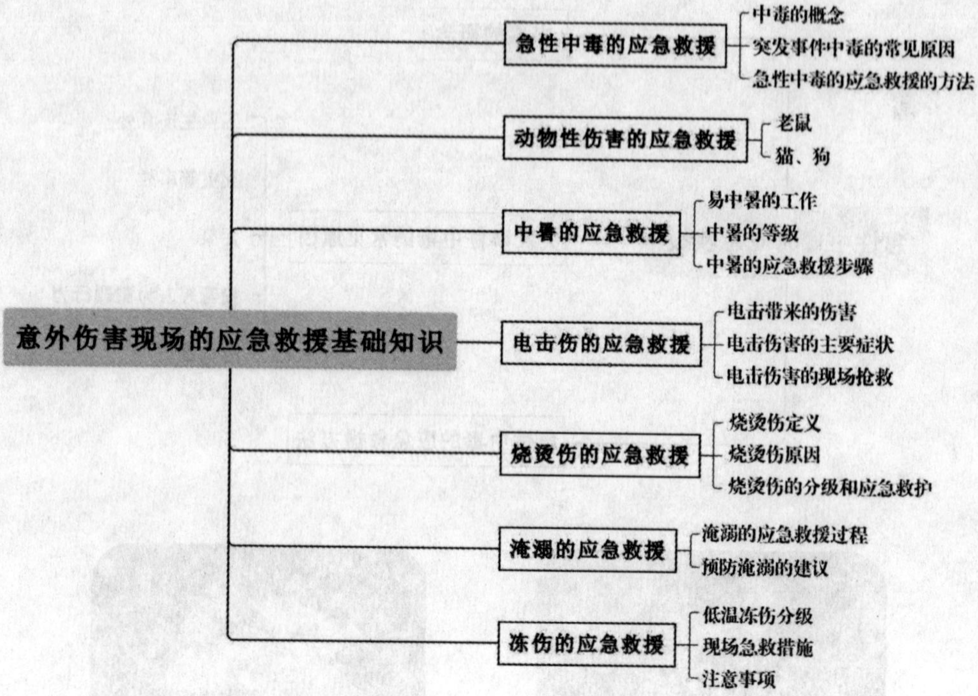

【学习目标】

1.理解掌握急性中毒的紧急救助方法；中暑、电击伤、烧烫伤、淹溺、冻结性冻伤的伤情判断；未成年人意外伤害的现场救助方法。

2.了解引起急性中毒的主要毒物及中毒后的伤情判断；被老鼠、猫、狗咬伤的现场救助方法；电击伤人的症状。

第一节　急性中毒的应急救援

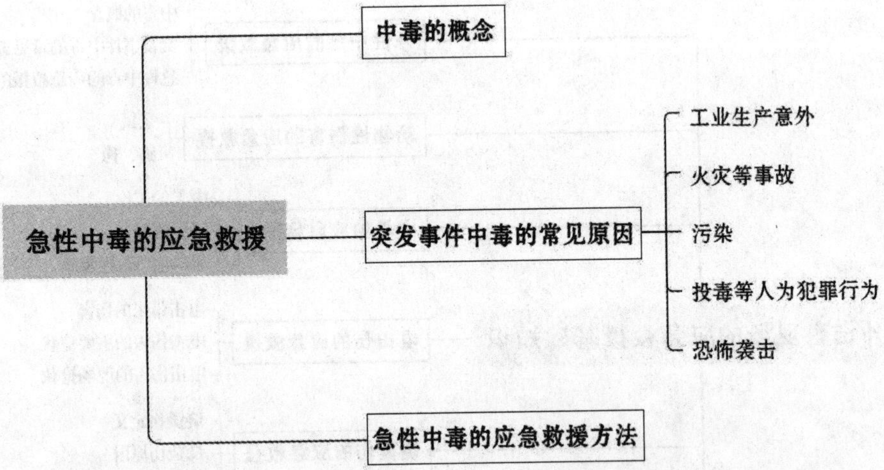

图 6－1－1　亚硝酸盐中毒事件致 25 人死亡

图 6－1－2　毒蘑菇中毒事件高发

当我们回顾历史时，会注意到世界上毒性危害不断发生，对人类的健康构成重大威胁，而且随着人类的科技进步，中毒事件发生越来越频繁，有时甚至可以威胁到大量人群的生命安全。因此，建立突发中毒救治应急预案是十分必要的。

一、中毒的概念

中毒是指有毒化学物质通过一定的途径进入机体后，与生物体相互作用，直接导致或者通过生物物理或生物化学反应，引起生物体功能或结构发生改变，导致暂时性或持久性损害，甚至危及生命的疾病。

毒物进入体内后是否发生中毒，取决于多种因素，如毒物的毒性、性状、进入体内的量和时间、患者的个体差异（如对毒物的敏感性以及耐受性）等。

急性中毒的应急救援是指有毒有害物质造成人体中毒时，为及时控制中毒危害所采取的救援活动。

二、突发事件中毒的常见原因

图 6－1－3　几种中毒常见原因

三、急性中毒的应急救援方法

1.迅速脱离有毒环境或毒物，如脱去被毒物污染的衣物等；

2.有缺氧指征者给予吸氧，如一氧化碳中毒者给予高流量吸氧；

3.通畅气道，维持有效通气，必要时采用鼻面罩或气管插管，使用呼吸复苏气囊或便携式呼吸机进行呼吸支持；

4.清除消化道尚未被吸收的毒物；

5.建立静脉通道；

6.应用解毒药，如有机磷中毒者根据中毒程度静注适量阿托品和氯磷啶等特殊解毒药；

7.心跳、呼吸骤停者立即进行心肺复苏，迅速送往医院。

练一练

1.突发事件中毒的常见原因有哪些？

2.简述急性中毒的紧急救助方法。

第二节 动物性伤害的应急救援

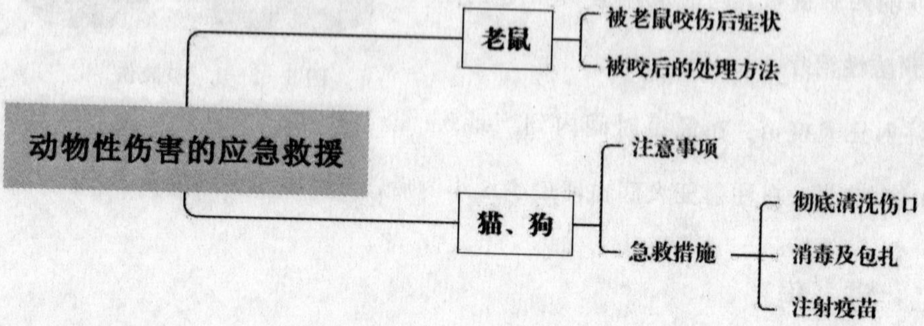

我们在日常生活中，最常见的就是狗、猫、蛇、老鼠、蜈蚣、蜥蜴等动物对人们，尤其是对小孩、老年人造成的损伤事件。

一、老鼠

老鼠是人类“四害”之一，生命力很强，它们身上携带着很多病毒和细菌，老鼠直接咬人或病原体通过外伤侵入而引起感染，对人类危害极大。

（一）被老鼠咬伤后症状

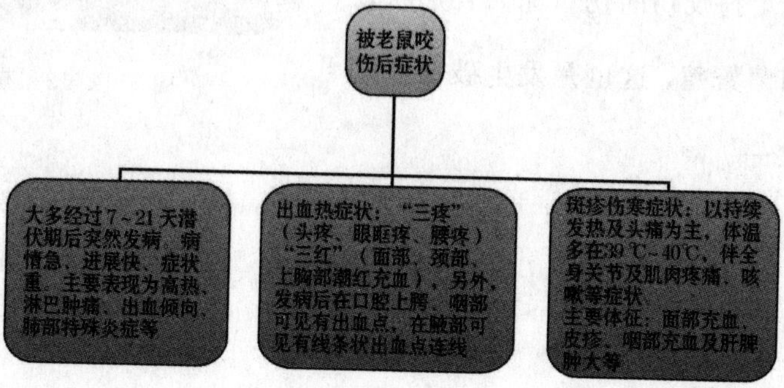

(二) 被咬后的处理方法

1.清理创伤口：伤者要及时用20%的肥皂水或0.1%的新洁尔灭液把伤口反复冲洗干净，然后用碘酒或75%酒精对伤口进行消毒处理，但切勿包扎。

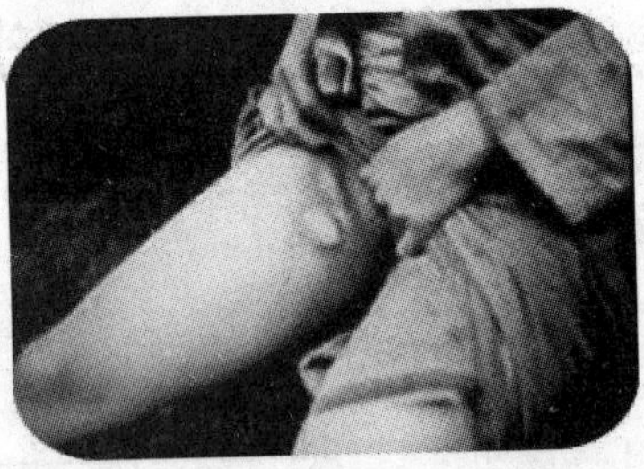

图6—2—1 被咬伤

2.湿敷并服药：局部可用浓石碳酸涂抹和0.02%呋喃西林湿敷，同时应用青霉素等抗生素进行预防性治疗。

3.注射狂犬疫苗：在最短时间内到当地疾控机构注射疫苗，在注射狂犬病血清最少3小时后，再接种狂犬病疫苗。

二、猫、狗

现如今，随着饲养猫、狗等动物当宠物的人越来越多，一些饲养的小猫小狗被抛弃或不慎走失，城市里的流浪猫、流浪狗等动物不断增多。数量众多的流浪动物不但成为城市管理的难题，而且对城市居民的生活、健康造成了严重危害。

(一) 注意事项

1.被病狗咬伤是很危险的，经常有人被咬伤后或养狗人被咬伤后，发生破伤风而死亡。

图6—2—2 猫、狗

2.温血动物，包括人在内，牙齿上有各种细菌和病毒生存，狗咬伤的伤口深而且形状复杂，恰好适于细菌繁殖，这也是发生破伤风之类疾病的原因之一。

（二）急救措施

彻底清洗伤口	被宠物咬伤后，应立即用20%的肥皂水彻底清洗伤口，再用大量清水冲洗，清洗和冲洗时间不少于30分钟。冲洗伤口要彻底，冲洗的时候尽可能扩大范围。冲洗伤口的同时，还应从近心端向伤口处挤压出血，设法把沾在伤口上宠物的唾液和伤口上的血液冲洗干净，排出被污染的血液
消毒及包扎	彻底清洗伤口后用2%～3%的碘酒和75%的酒精（或高度白酒）涂擦伤口数次，以清除或杀灭局部的病毒。对于流血不多的伤口，只要未伤及大血管，不要急于止血，也不必包扎，应尽量暴露伤口，因为日光、紫外线、酒精等可以杀灭病毒
注射疫苗	处理好伤口后，要及时到正规医疗单位接受规范治疗。尽快于24小时内注射狂犬病疫苗和抗狂犬病免疫血清，并且规律、全程接种狂犬病疫苗

阅读材料

狂犬病疫苗是法国著名生物学家巴斯德发明研制的，这种疫苗是人被动物咬伤后接种的狂犬病疫苗和抗狂犬病病毒血清。这种疫苗是一种减毒活疫苗，经过医学处理，只保留了抗原性，没有致病性。注射以后人会产生保护性抗体，但并不会引起狂犬病。具体来说，就是接种狂犬病疫苗以后，人体血液可以产生抗狂犬病病毒的抗体，这些抗体可以防止病毒复制过程中在细胞间传播，从而减少病毒的增殖数量，还能清除体内游离的狂犬病病毒，阻止这些病毒繁殖和扩散，通过这些作用来预防狂犬病的发生。

狂犬病疫苗的作用是预防狂犬病发作。狂犬病疫苗预防狂犬病发作的原理是通过疫苗让身体产生相应的中和抗体，这个抗体达到有效的水平，并且能够持续比较长的时间，以此来预防狂犬病。这个抗体的水平，必须达0.5IU/ML以上。狂犬病疫苗的注射是通过注射五针，让狂犬病的中和抗体达到这个水平以上，并且让它维持比较长的时间，达到预防作用。如果狂犬病疫苗的五针，漏了其中的一针，狂犬病的抗体虽然有可能达到 0.5IU/ML 以上，但是不能够持续太长的时间，也有可能导致预防失败。

练一练

1.简述被老鼠咬伤后的处理方法。

2.简述被猫、狗咬伤后的急救措施。

第三节　中暑的应急救援

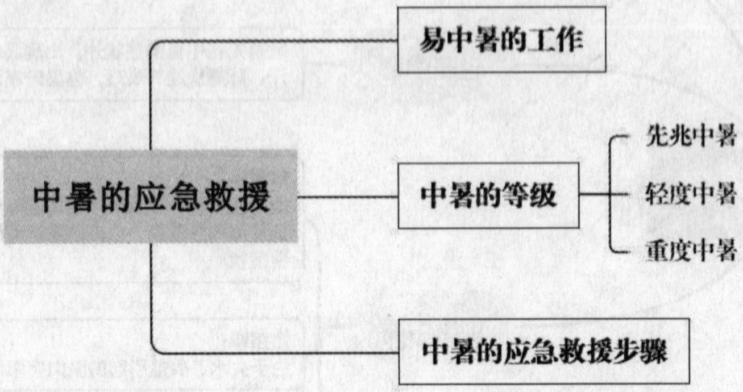

一、易中暑的工作

图 6—3—1　环卫

图 6—3—2　应急抢险检修

图 6—3—3　露天高空作业

易中暑的工作包括：线路上的工作、箱变处的工作、风机塔筒内的工作、机舱内的工作以及其他在露天高温下的工作。

二、中暑的等级

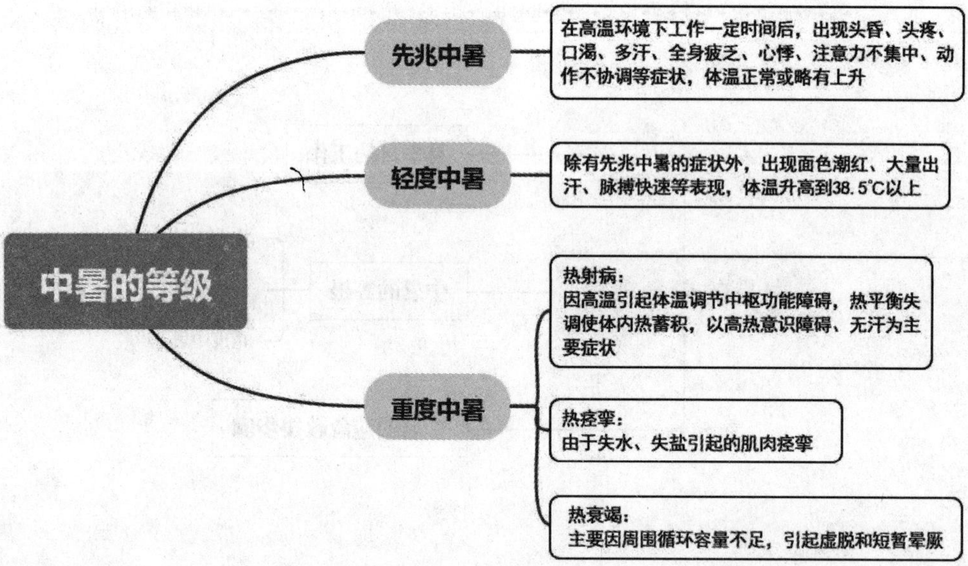

三、中暑的应急救援步骤

1.发现自己或他人有先兆中暑或轻度中暑表现时，应离开高温环境到阴凉通风的地方适当休息，并可饮用冷盐水或用冷水洗脸，进行通风降温等；

2.对中暑症状较重者，紧急救助员应将其移到阴凉通风处，平卧，脱去衣服，立即采用冷湿毛巾敷头部、冷水擦身体及通风降温等方法给患者降温；

图 6－3－4　多饮水

3.对严重中暑者（体温较高者）还可用冷水冲淋或在头、腋下、大腿放置冰袋等方法迅速降温；

4.如中暑者能饮水，则应让其喝冷盐开水或其他清凉饮料，以补充水分和盐分；

5.对病情较重者，应迅速转送医院作进一步急救治疗。

练一练

1.依据中暑的等级如何判断中暑情况？

2.简述中暑的应急救援步骤。

第四节　电击伤的应急救援

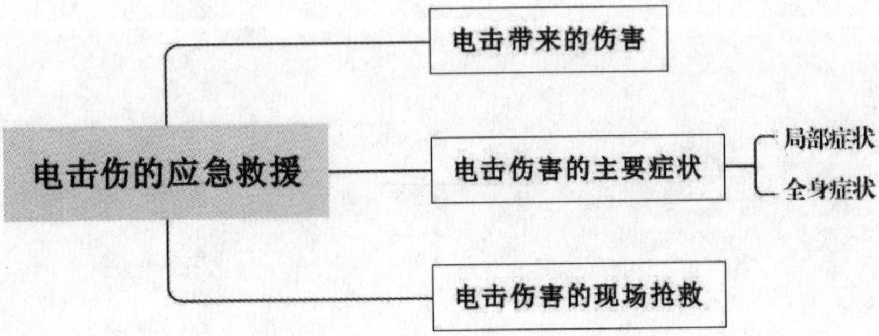

一、电击带来的伤害

电流对人体的伤害可分为电击和电伤。电击是电流通过人体内部，破坏心脏、神经系统、肺部的正常功能而造成的伤害。

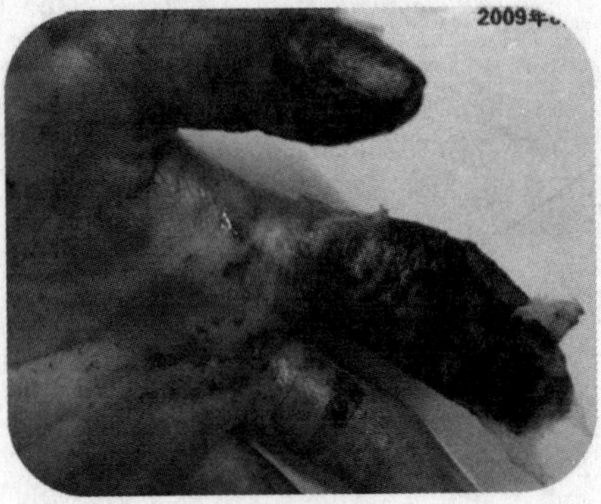

图 6－4－1　电击伤

由于人体触及带电的导线、漏电设备的外壳或其他带电体以及由于雷击或电容器放电，都可能导致电击。

人体直接触及正常运行的带电体所发生的电击是直接电击；电气设备发生故障后，人体触及意外带电部分所发生的电击是间接电击。

二、电击伤害的主要症状

局部症状	当身体局部接触电流时，由于高热和电火花的作用，可出现局部电灼伤。一般有两个以上的创面，一个为进口，一个为出口。创面一般较小，但较深，呈黄褐色焦痂。 接触高压电（1000 伏特以上）时最明显
全身症状	如电流小，电压低，接触时间短，触电者会出现头晕、心悸、恶心等症状
	如电流强，电压高（交流电 65 伏特以上，直流电 300 伏特以上），接触时间长，即可能造成电休克（又称假死现象）。即出现触电者失去知觉、面色苍白、瞳孔放大、脉搏停止和呼吸停止。如不及时采取正确的措施抢救，则会造成死亡，这是电击伤害的主要症状
	值得注意的是，上述症状可能在触电当时表现轻微，而过一个小时后突然加重，出现昏迷，呼吸、心跳停止等症状

三、电击伤害的现场抢救

1.迅速脱离电源。不准直接用手去拖拉触电者，防止自身同时触电；不准用其他金属或潮湿的物体作为救助工具，应使用绝缘工具，并防止在场其他人员再次触电，使用绝缘工具以单手操作为宜，在触电者未脱离电源前，不准触碰其身体。

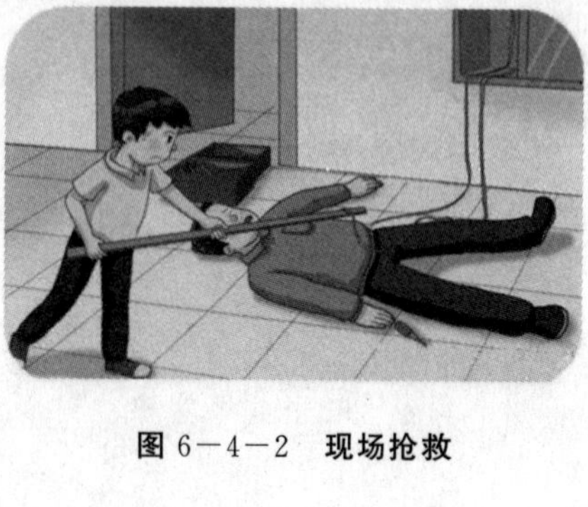

图 6－4－2 现场抢救

2.避免二次伤害。要防止处于高处的触电者在脱离电源后，出现坠落摔伤，造成二次事故；应采取防坠摔伤安全措施。即使在平地也要注意触电者倒下的方向。

3.被救助者神志清醒，症状轻微，可安排就地安静休息。

4.被救助者呼吸、心跳停止时，救助人员应迅速实施心肺复苏术，并迅速联系就近急诊医院实施抢救。

5.被救助者出现骨折、烧伤时应在紧急处置后迅速送往医院。

练一练

1.简述电击伤害的主要症状。

2.电击伤害的现场抢救应注意什么？

第五节　烧烫伤的应急救援

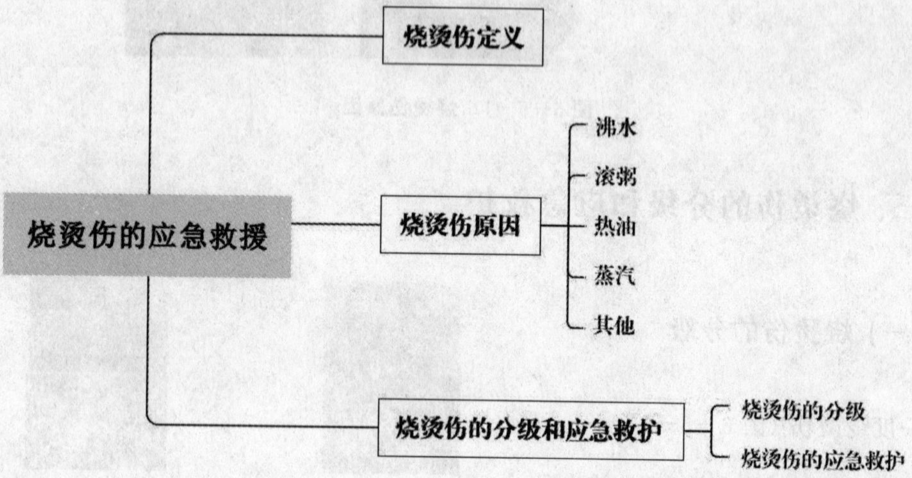

一、烧烫伤定义

烧伤泛指由热力、电流、化学物质、激光、放射线等所致的组织损伤。通常指热力所造成的损伤。

临床上将热液、蒸汽所致的烧伤称为烫伤。

二、烧烫伤原因

- 沸水
- 滚粥
- 热油
- 蒸汽
- 其他

图 6—5—1　**烧烫伤原因**

三、烧烫伤的分级和应急救护

(一) 烧烫伤的分级

一度烧烫伤（图 6—5—2）：

受伤的皮肤发红、肿胀，无水泡出现。

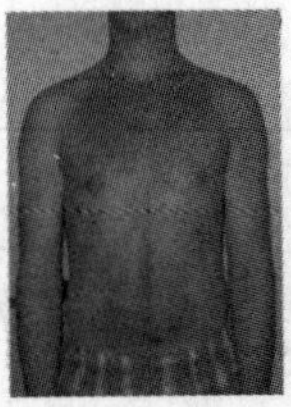

图 6—5—2　**一度烧烫伤**

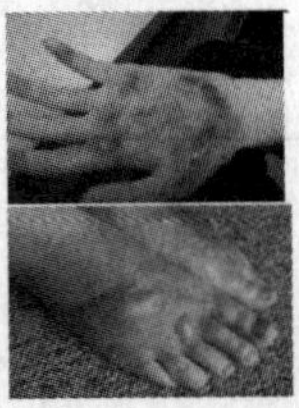

图 6—5—3　**二度烧烫伤**

二度烧烫伤（图 6—5—3）：

局部红肿、发热，有明显水泡。

三度烧烫伤（图 6—5—4）：

皮肤焦黑、坏死。

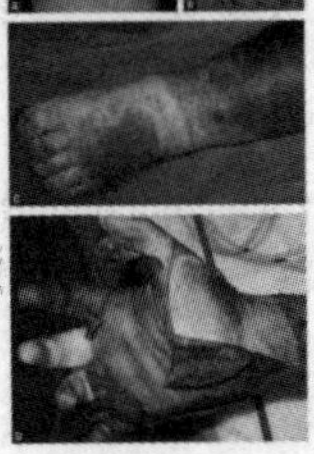

图 6—5—4　**三度烧烫伤**

（二）烧烫伤的应急救护

1.一度烧烫伤的救护

• 应立即将伤处浸在凉水中进行“冷却治疗”，如有冰块，把冰块敷于伤处效果更佳。

• “冷却”30 分钟左右就能完全止痛。

• 将鸡蛋清、万花油或烫伤膏涂于烫伤部位。

• 3～5 天便可自愈。

2.二度烧烫伤的应急救护

• 烧烫伤者经“冷却治疗”一定时间后，仍疼痛难受，且伤处长起了水泡，这说明是“二度烧烫伤”。

• 不要弄破水泡，要迅速到医院治疗。

3.三度烧烫伤的应急救护

• 立即用清洁的被单或衣服简单包扎，避免感染或再次损伤。

• 创伤面不要涂擦药物，保持清洁。

• 迅速送医院治疗。

练一练

1.填空

烧烫伤的分级：__________、__________、__________。

2.简述

(1) 烫伤的原因有哪些？

(2) 怎样进行烧烫伤的应急救护，应注意什么？

第六节 淹溺的应急救援

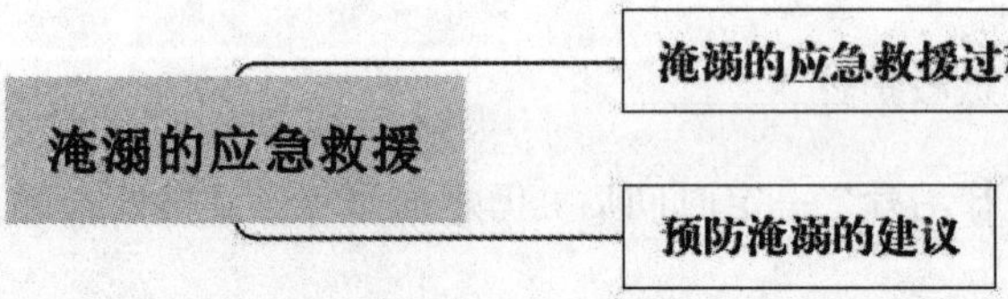

一、淹溺的应急救援过程

1.尽快将被救助者从水中救出，迅速清除口鼻腔中的污水、污物、分泌物及其他异物，保持气道畅通；

图 6—6—1 人工呼吸救援

2.吸入海水者，应尽快采取头低俯卧体位引流，拍打背部促使肺水排出，操作时间不宜太长，以免延误心肺复苏；

3.心跳、呼吸骤停者即刻予以心肺复苏，转运过程中不应停止心肺复苏；

4.现场救助后，即使淹溺者自主心搏及呼吸已恢复，但因缺氧仍需送医院进一步观察。

二、预防淹溺的建议

1.不要独自在河边、池塘边玩耍；

2.不去非游泳区游泳；

3.不会游泳者，不要游到深水区，即使戴着救生圈也不安全；

4.游泳前要作适当的准备活动，以防抽筋。

第七节　冻伤的应急救援

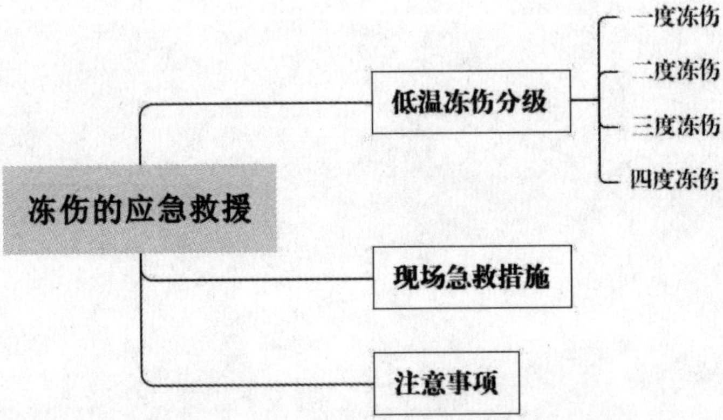

一、低温冻伤分级

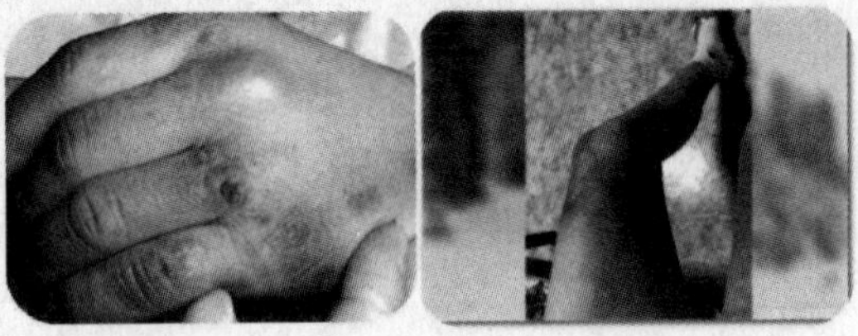

图 6—7—1　冻伤

冻伤后仅有皮肤苍白、冰冷、疼痛和麻木，复温后才表现出特征，分为 4 度：

1.一度冻伤。为皮肤浅层冻伤，局部皮肤从苍白色转为斑状蓝紫色，以后红肿，发痒，刺痛和感觉异常。

2.二度冻伤。为皮肤浅层和部分深层冻伤。局部红肿，发痒，灼痛。早期有水泡出现。

3.三度冻伤。为皮肤全层和皮下组织冻伤。皮肤由苍白渐变为蓝色，再成黑色。感觉消失，冻伤周围组织可出现水肿和水泡，并有剧痛。

4.四度冻伤。皮肤皮下组织、肌肉，甚至骨骼都被冻伤。呈暗灰色，感觉和运动功能完全消失。

二、现场急救措施

1.一度冻伤，可让病人自己主动活动，并按摩受冻部位，促进血液循环。可以用辣椒、艾蒿、茄秆煮水熏洗、浸泡，再涂以冻疮膏即可。

2.对于遭遇严寒侵袭的人，首先要帮其脱离险境，或尽快将其从水中救出，转移到避风的室内，脱去湿冷的衣裤，擦干身体，换上保暖的衣被，给予热饮料和精神安抚。

3.如果病人呼吸、心跳微弱或似有似无，应立即将病人平放在硬板床上，拉直气管清除口鼻异物，做“口对口”人工呼吸和心脏按压，促使心肺功能尽快恢复，同时兼顾保暖和复温处理。

4.尽快使冻伤处复温。一般是将冻肢浸泡在温水中，不断添加热水使水温由 36℃逐渐提高到 42℃左右，并保持这一范围，直到患处恢复温感，皮肤温度达到 36℃左右。如果暂时找不到热水，将患肢放进救援人员温暖的怀抱中，也是个应急的好办法。复温过程宜在 10 分钟内完成，不宜过久，以便尽量减少对组织的损伤。

5.患处若破溃感染，应在局部用 65%～75%酒精或 1%的新洁尔灭消毒，吸出水泡内液体，外涂冻疮膏、樟脑软膏等，保暖包扎。必要时使用抗生素及破伤风抗毒素。

三、注意事项

1.千万不能采用拍打、雪搓、火烤或冷水浸泡等错误的方法，因为拍打、搓擦会损伤皮肤，增加感染的概率；

2.火烤只能使表面冻结组织融化，而不能使血管扩张和改善血液循环，相反，倒会增加组织代谢、加重组织缺氧和损伤，对预后不利。

练一练

1.填空

低温冻伤分级：________、________、________、________。

2.简述

(1) 冻伤后的现场急救措施有哪些?

(2) 冻伤后应注意什么?

第八节　学校触电事故的应急预案

在学校，防触电事故工作是关系到师生生命安全的重要工作。为进一步加强学校触电事故应急管理工作，尽可能降低事故损失减小危害，根据上级有关规定和要求，特拟订学校触电事故应急预案。

一、学校防触电事故领导组织机构

1.领导小组

组长：×××

副组长：×××

成员：×××

2.工作小组

组长：×××

副组长：×××

成员：×××

3.用电管理员：×××

4.应急救援小组：（根据学校特点和需要设置人数）

5.校应急人员联系电话：×××

6.抢险突击队成员：全体男教师、各班班主任

7.报警电话：119

急救电话：120

教育局电话：×××

8.学校值班电话：×××

二、学校防触电事故工作预防运行机制

(一) 成立防触电事故领导小组和工作小组

领导小组负责组织协调和检查督导学校的防触电工作，及时准确地掌握学校有关点电方面的动态提出预防对策和措施。

工作小组及时具体组织抢险工作。

(二) 加强安全检查，消除安全隐患

领导小组成员要组织有关人员对学校办公楼、教学楼、餐厅、多媒体教师等有线路的地方进行仔细检查，及时做好维修工作消除安全隐患，确保师生生命安全。

(三) 开展宣传教育，增强防触电事故的能力

通过教师会议、班主任会议、班会等对教师和学生进行积极的宣传活动，增强防触电的意识和能力，教育学生不随意乱动电源、开关等，教育学生懂得险情发生时如何自救。

三、应急措施

1.发现人员触电应迅速采取措施使触电者脱离电源并迅速切断电源。

未切断电源前，可用干竹竿、干木棒、木椅等绝缘器具使触电者脱离电源，不可徒手直接与触电者的身体接触。

2.派专人看护现场，立即拨打120急救，并及时通知校医务室人员到现场进行临时急救。

3.通知学校相关部门领导及水电组人员到场处置。

4.疏散围观人员，保证现场空气流通，避免再次发生触电事故。

四、临时急救方法

1.触电者未失去知觉，应安放在空气流通处安静休息。

2.触电者已失去知觉，但呼吸及脉博均未停止时，应安放在平坦通风处所解开衣裤，使其呼吸不受阻碍，同时用毛巾摩擦全身使之发热。

3.触电者失去知觉呼吸困难，应立即进行人工呼吸，切不可向触电者注射强心剂或泼冷水。

4.触电者呼吸及心脏跳动均已停止时，可能是假死，救护人员要坚持先救后搬的原则应即刻进行人工呼吸或对心脏进行挤压救护直到经医生诊断确已死亡为止。

5.人工呼吸用口对口吹气效果较好。急救时，触电者的头部尽量后仰，鼻孔朝天，使舌根不阻塞气流便于吹气急救。

五、责任追究

对准备工作和检查工作力度不到位、组织指挥不力而造成财产损失、人员伤亡的个人，要严肃追究相关人的责任，并及时上报教育局。

第七章 一般应急救护基础知识

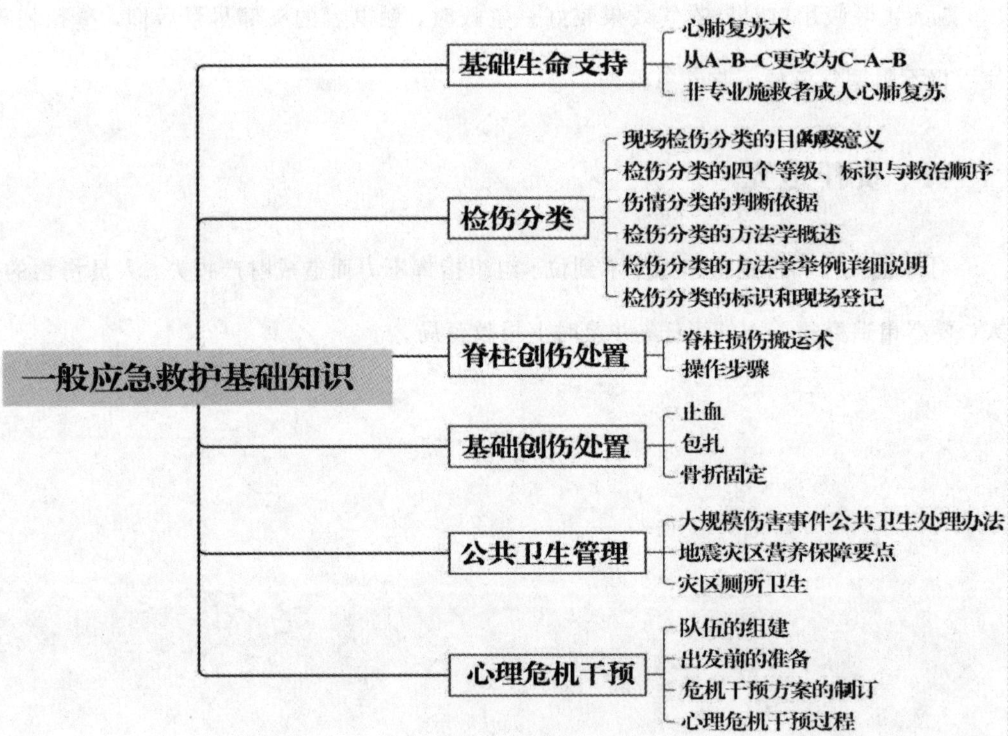

【学习目标】

1.了解一般应急救护基础知识，如心肺复苏术、脊柱创伤处置、基础创伤处置等一般性应急救护知识。

2.掌握检伤分类的四个等级、标识与救治顺序，可以根据伤情进行判断和处置。

3.了解大规模伤害事件公共卫生的处理办法。

第一节　基础生命支持

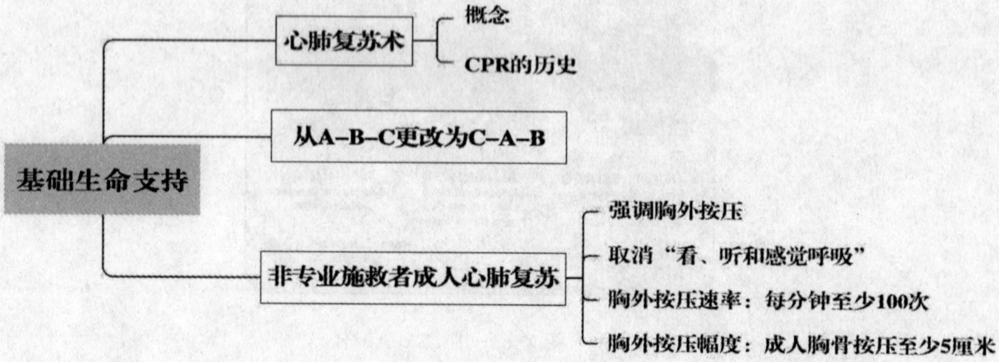

一、心肺复苏术

（一）概念

心肺复苏术，又称 CPR，意指当一个人因某种因素造成呼吸、心跳停止，而产生猝死现象，在患者倒地后四分钟之内进行 CPR，为紧急把握患者生机，将患者从鬼门关抢救回来的一种现场急救措施。

（二）CPR 的历史

近代 CPR 技术是在 20 世纪 50 年代晚期到 20 世纪 60 年代早期这段时间发展出来的。口对口人工呼吸的方式则是由 James Elam 医师和 Peter Safar 医师所发展出来的。虽然口对口人工呼吸早在许多典籍中已有记载（通常是用来帮助失去呼吸的新生儿），但是在20世纪50年代以前，人工呼吸法并未被广为使用，在20世纪60年代早期，Jnde医师、Kouwenhoven医师和Knickerbocker医师三人发现胸腔压缩可以达到小量的人工循环。数年后，CPR结合口对口人工呼吸和胸腔按压，成为今日CPR流程的雏形。

二、从A—B—C更改为C—A—B

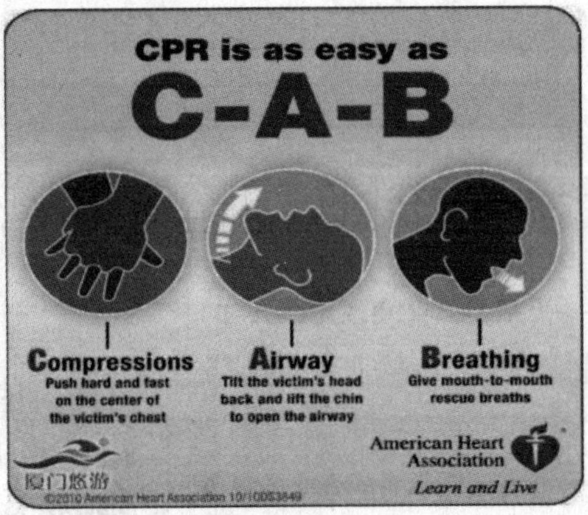

图7—1—1 C—A—B

《2010美国心脏协会心肺复苏及心血管急救指南》中，建议将成人、儿童和婴儿（不包括新生儿，请参见"新生儿复苏"部分）的基础生命支持程序从A—B—C（开放气道、人工呼吸、胸外按压）更改为C—A—B（胸外按压、开放气道、人工呼吸）。C—A—B程序可以尽快开始胸外按压，同时能尽量缩短通气延误时间（也就是说，只需进行第一轮30次胸外按压的时间，大约为18秒钟；如果有2名施救者为婴儿或儿童进行复苏，延误时间会更短）。

三、非专业施救者成人心肺复苏

（一）强调胸外按压

所有经过培训的非专业施救者应至少为心脏骤停患者进行胸外按压。另外，如果经过培训的非专业施救者有能力进行人工呼吸，应按照30次按压对应2次人工呼吸的比率进行按压和人工呼吸。施救者应继续实施心肺复苏，直至AED到达且可供使用，或者急救人员已接管患者。

（二）取消“看、听和感觉呼吸”

通过采用“首先进行胸外按压”的新程序，会在成人无反应或无正常呼吸时实施心肺复苏。心肺复苏程序从按压开始（C－A－B 程序）。所以，检查是否发生心脏骤停时会快速检查呼吸；进行第一轮胸外按压后，气道已开放，施救者进行 2 次人工呼吸。

（三）胸外按压速率：每分钟至少 100 次

心肺复苏过程中的胸外按压次数对于能否恢复自主循环（ROSC）以及存活后是否具有良好神经系统功能非常重要。每分钟的实际胸外按压次数由胸外按压速率以及按压中断（如开放气道、进行人工呼吸或进行 AED 分析）的次数和持续时间决定。在大多数研究中，给予更多按压可提高存活率，而减少按压则会降低存活率。进行足够胸外按压不仅强调足够的按压速率，还强调尽可能减少这一关键心肺复苏步骤的中断。如果按压速率不足或频繁中断（或者同时存在这两种情况），会减少每分钟给予的总按压次数。

（四）胸外按压幅度

成人胸骨按压至少 5 厘米。按压主要通过增加胸廓内压以及直接压迫心脏产生血流。通过按压，可以为心脏和大脑提供重要血流以及氧和能量。

阅读链接

心肺复苏的操作步骤

➡评估环境

➡判断意识

➡立即呼救

➡摆放体位

➡评估呼吸及颈动脉

➡胸外按压

➡开放气道

➡人工呼吸

➡效果评价

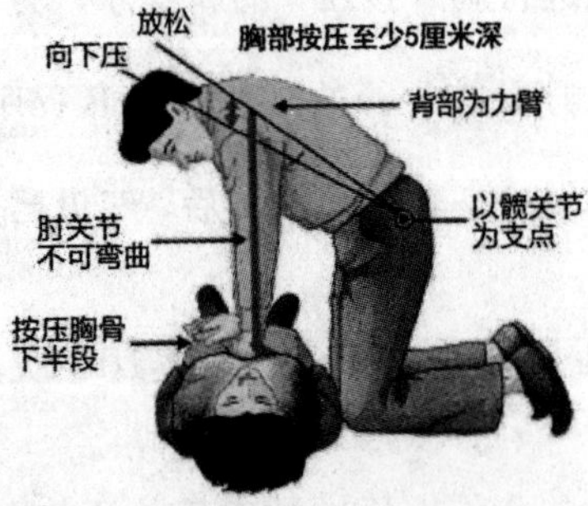

图 7—1—2 心肺复苏操作

练一练

1.简述心肺复苏的概念。

2.非专业者如何进行成人心肺复苏？

第二节　检伤分类

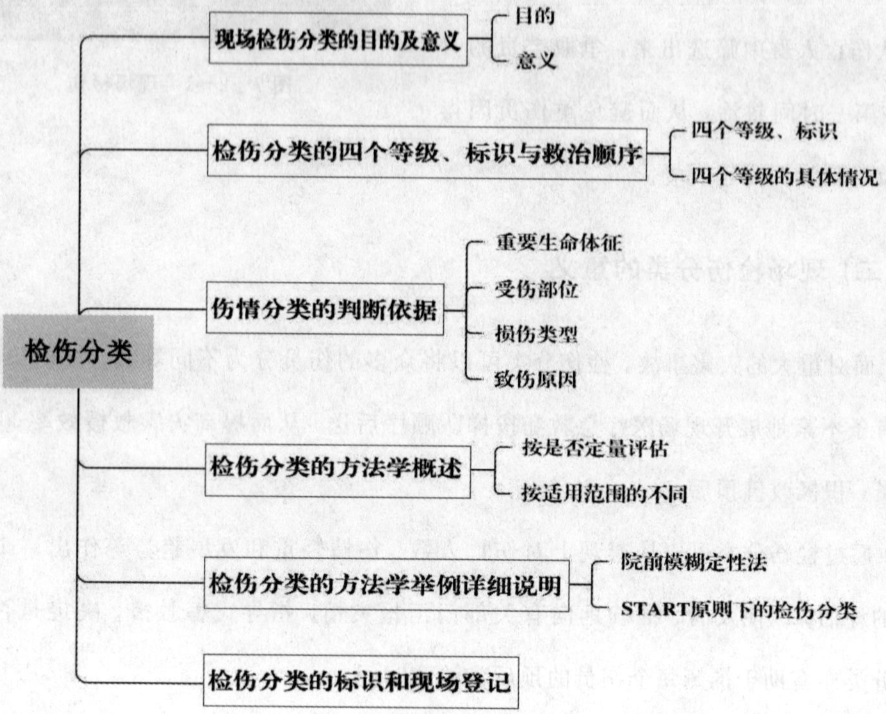

这里所说的检伤分类技术指的是灾难救援现场的检伤分类方法。创伤的检伤分类是灾难医学的重要组成部分，是灾害现场医疗急救的首要环节。

当医疗救护人员面对现场大批伤员，第一步救援措施必然是快速检伤分类，将重伤员尽快从伤亡人群中筛选出来；然后分别按照伤情的轻重，依先后顺序给予医疗急救和转运送院。因此，灾难救援现场的检伤分类具有十分重要的作用。

一、现场检伤分类的目的及意义

（一）现场检伤分类的目的

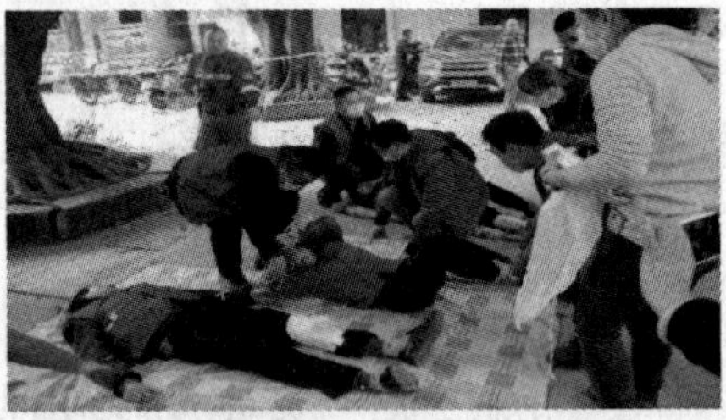
图 7－2－1　现场检伤

在突发的灾害事故现场，医疗救援力量往往是有限的，尤其在事发初期急救医疗资源可能十分匮乏。检伤分类就是要尽快把重伤员从伤亡人群中筛选出来，争取宝贵的时机，在第一时间救治，从而避免重伤员因得不到及时救治而死于现场。

（二）现场检伤分类的意义

1.面对重大的灾害事故，检伤分类可以将众多的伤员分为不同等级，按伤势的轻重缓急有条不紊地展开现场医疗急救和按梯队顺序后送，从而提高灾害救援效率，合理救治伤员，积极改善预后。

2.通过检伤分类可以从宏观上对伤亡人数、伤情轻重和发展趋势等作出一个全面、正确的评估，以便及时、准确地向有关部门汇报灾情，指导灾害救援，决定是否增援。检伤分类亦有助于推测每个伤员的预后和治愈时间。

二、检伤分类的四个等级、标识与救治顺序

（一）检伤分类的四个等级、标识

按照国际公认的标准，灾害现场的检伤分类分为四个等级——轻伤、中度伤、重伤与死亡，统一使用不同的颜色加以标识，必须遵循下列救治顺序：

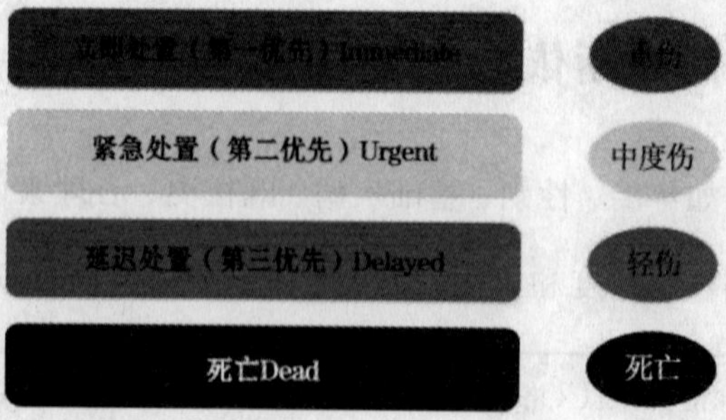

（二）检伤四个等级的具体情况

分级	占伤亡总数比例	受伤程度	治愈时间
轻伤	比例最高占伤员总数的35%～50%	轻伤员的重要部位和脏器均未受到损伤，仅有皮外伤或单纯闭合性骨折，而无内脏伤及重要部位损毁，因此伤员的全部生命体征稳定，不会有生命危险	一般在1～4周内治愈，不会遗留后遗症
中度伤	占伤亡总数的25%～35%	伤员的重要部位或脏器有损伤，生命体征不稳定，如果伤情恶化则有潜在的生命危险，但短时间内不会发生心搏、呼吸骤停	需1～2个月，可能遗留功能障碍
重伤	占伤亡总数的20%～25%	伤员的重要部位或脏器遭受重度损伤，生命体征出现明显异常，有生命危险，呼吸心跳随时可能骤停；常因严重休克而不能耐受根治性手术，也不适宜立即转院（但可在医疗监护的条件下从灾难现场紧急后送），因此重伤员需要得到优先救治	重伤员治愈时间需2个月以上，可能遗留终身残疾
死亡	占伤亡总数的5%～20%	伤员明显可见的头颈胸腹任一部位粉碎性破裂、断离甚至焚毁，即可现场诊断伤员生物学死亡	死亡已不可逆转

三、伤情分类的判断依据

伤员的一般情况，如年龄、性别、基础疾病、既往史、心理素质，以及致伤因子的能量大小等，都可影响到伤情程度和检伤分类等级。但主要判断依据是以下四个方面。

重要生命体征	伤员神志（格拉斯哥评分≥11分）、脉搏（正常60～100次/分，有力）、呼吸（正常14～28次/分，平稳）、血压（正常收缩压＞100mmHg或平均动脉压＞70mmHg）、经皮血氧饱和度（SpO_2＞95%）、毛细血管充盈度（正常＜2秒钟）、尿量（正常＞30毫升/时）等生理指标和动态变化参数
受伤部位	根据解剖生理关系，通常将人体笼统地划分为九个部位（CHANSPEMS），即胸部C、头部H、腹部A、颈部N、脊柱脊髓S、骨盆P、上下肢体E、颌面M、体表皮肤S，其中以CHANS（头部、颈部、胸部、腹部和脊柱）最为重要
损伤类型	根据受伤后体表是否完整、体腔是否被穿透以及伤道形态，可大致分为开放伤/闭合伤、穿透伤/钝挫伤、贯通伤/盲管伤等，以开放伤和贯通伤最为严重
致伤原因	导致人体受伤的原因通常分为四大类： 交通事故伤（如机动车、飞机、舰船）； 机械性损伤（如钝器、锐器、挤压、高处坠落）； 枪械火器伤（如刀刃、枪弹、爆炸、冲击）； 其他理化因素致伤（如烧伤、烫伤、冻伤、电击伤、放射性损伤、化学品灼伤等）

四、检伤分类的方法学概述

检伤分类	按是否定量评估	模糊定性法	简单方便，不用记忆分值和评分计算，即可迅速完成现场检伤分类，但缺乏科学性与可比性，仅适用于院前对灾害事故的快速检伤分类
		定量评分法	用数字直观地评价，因此具有科学性、符合标准化，方便搞科研写论文及国际交流；但必须记忆分值并进行评分计算，比较烦琐、复杂和费时
	按适用范围的不同	院前体系	院前检伤评估每个伤员必须在5～10秒钟内完成，否则面对重大灾害事故造成的上百人伤亡，如果需花费60分钟以上的时间才能完成现场检伤分类，重伤员就会失去最佳的抢救时机，这种检伤分类将变得没有任何实用价值。所以，用于院前的检伤分类法必须具备简便、快捷的特点
		院内体系	院内检伤分类在时间上不需要那么紧迫，因此其方法应该尽量全面、详尽、准确，只能使用多参数定量评分法，即使烦琐、费时一些也没有关系，常用的创伤评分法如AIS－ISS、ASCOT和APACHEⅡ等。

五、检伤分类的方法学举例详细说明

下面，本书专门就灾害事故的院前检伤分类体系，分别从模糊定性法与定量评分法中，各推荐一种最常用和先进的方法。

(一) 院前模糊定性法——ABCD 法

ABCD 代表着创伤的各种危重症情况，其含义分别为：

1.Asphyxia——窒息与呼吸困难

伤员胸部、颈部或颌面受伤后，会很快出现窒息情况，表现为明显的吸气性呼吸困难，呼吸十分急促或缓慢，伴有紫绀、呼吸三凹征、气胸或连枷胸等体征。

常见原因为胸部穿透伤、张力性气胸、冲击性肺损伤、多发性肋骨骨折或急性上呼吸道机械梗阻。

2.Bleeding——出血与失血性休克

创伤导致伤员活动性出血，不管是哪一个部位损伤出血，一旦短时间内失血量超过 800 毫升，出现休克的早期表现，如收缩压低于 100mmHg 或脉压差小于 30mmHg，脉搏超过 100 次/分，伤员神志虽清楚但精神紧张、烦躁不安，伴有面色苍白，四肢湿冷，口干尿少，即应判断为重伤。

休克的快速检查方法为一看（神志、面色）、二摸（脉搏、肢端）、三测（毛细血管充盈度，但暂时不用急于测量血压）、四量（估计出血量）。

3.Coma——昏迷与颅脑外伤

伤员受伤后很快陷入昏迷状态，并且伴有双侧瞳孔改变和神经系统定位体征，即使头部没有外伤迹象，也暂时无法做头颅 CT 证实，仍可初步诊断为颅脑损伤，当然属重伤员。

4.Dying（die 的现在时）——正在发生的突然死亡

重度的创伤会导致伤员当场呼吸、心搏骤停，如果医疗急救人员能够及时赶到现场，面对正在发生的猝死，只要伤员心脏停搏的时间不超过 10 分钟，心肺复苏仍有抢救成功的可能，故可归为重伤范围。但是，如果在事发 10 分钟以后急救人员才来到现场，或者伤员头颈胸腹任一部位的粉碎性破裂甚至断离，诊断生物学死亡即可放弃救治。即便是刚刚发生的临床死亡，如遇重大灾害事故现场的医疗救护人员人手严重不足，仍不得不将此类伤员划归为死亡，只好忍痛放弃抢救，因为此时拯救活着的人更加重要和有实际意义。

院前检伤诊断使用 ABCD 模糊定性的方法判断：

（1）只要看见伤员出现 ABCD 其中一项以上明显异常，即可快速判断为重伤，异常的项目越多说明伤情越严重；

（2）如果 ABCD 四项全部正常，则归类为轻伤；

（3）而介于两者之间，即 ABC 三项（D 项除外）中只有一项异常但不明显者，则应判定为中度伤。

（二）START 原则下的检伤分类

1.目的和意义

当发生伤亡人员众多的严重灾难事件时，现场往往没有足够的医疗救援资源。检伤分类的目的是合理利用现场有限的人力物力，对大量伤病员进行快速有效的检伤、分类、处置，确定哪些有生命危险应优先获得救治，哪些可暂不救治，哪些即使立即救治也无法挽回其生命而不得不暂缓救治，从而最大程度地提高生存率，尽可能地减轻伤残程度，并安全、及时地将患者转运至有条件的医院进一步治疗。

2.分类原则

第一优先（红色标识）	危重患者	有危及生命的严重创伤，经及时治疗能够获救，优先给予护理及转运。现场先简单处理致命伤、控制大出血、支持呼吸等，并尽快送医院。如：气道阻塞、活动性大出血及休克、开放性胸腹部创伤、进行性昏迷、颈椎损伤、超过 50% 的二度至三度烧烫伤等

续表

第二优先（黄色标识）	重症患者	有严重损伤，但经急救处理后生命体征或伤情暂时稳定，可在现场短暂等候而不危及生命或导致肢体残缺，给予次优先转运。如：不伴意识障碍的头部创伤、不伴呼吸衰竭的胸部外伤、除颈椎外的脊柱损伤等
第三优先（绿色标识）	轻症患者	可自行行走无严重损伤，其损伤可适当延迟转运和治疗，将伤者先引导到轻伤接收站。如软组织挫伤、轻度烧伤等
第四优先（黑色标识）	死亡或濒死者	已死亡或无法挽救的致命性创伤造成的濒死状态。如呼吸、心跳已停止，且超过12分钟未给予心肺复苏救治，或因头、胸、腹严重外伤而无法实施心肺复苏救治者，停放在特定区域

3.简明检伤分类法（simple triage and rapid treatment，START）

此法被很多国家和地区采用，适用于灾难现场短时间内大批伤员的初步检伤，由最先到达的急救人员对伤病员进行快捷的辨别及分类。通常分为四步：

第一步：行动检查	▶行动自如（能走）的伤病员为轻伤患者，标绿标 ▶不能行走的患者检查第二步
第二步：呼吸检查	▶无呼吸者，标黑标 ▶呼吸频率＞30次/分或＜6次/分，为危重患者，标红标 ▶每分钟呼吸6～30次者，检查第三步
第三步：循环检查	▶桡动脉搏动不存在，或甲床毛细血管充盈时间＞2秒者，或脉搏＞120次/分，为危重患者，标红标 ▶甲床毛细血管充盈时间＜2秒者，或脉搏＜120次/分，检查第四步
第四步：清醒程度	▶不能回答问题或执行指令者，标红标 ▶能够正确回答问题和执行指令，标黄标或绿标

六、检伤分类的标识和现场登记

1.在检伤分类的进行过程中，边分类边标识，同步完成，以防止差错、提高效率。完成检伤分类后，由参加急救的医护人员按伤情标识给予相应的顺序处理。

2.检伤分类标识国际通行采用“伤情识别卡”。

3.检伤分类的同时，必须安排人员负责灾害现场的登记和统计工作，边分类边登记，最好采用一式两联并编号的伤情识别卡进行统计。

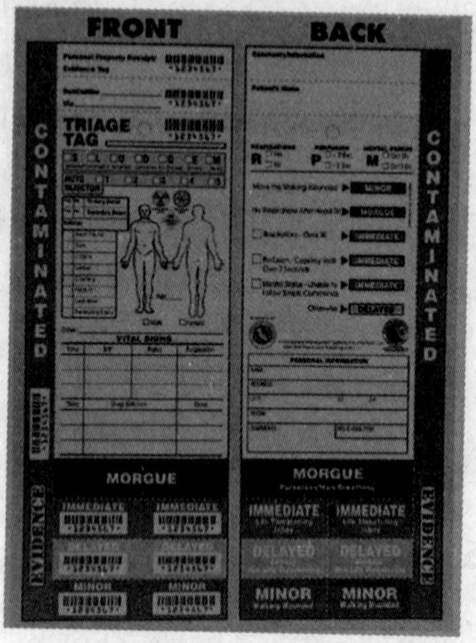

图 7—2—2

练一练

1.思考：检伤分为哪几个等级？分别用什么颜色标注？

2.简述：检伤的目的是什么？

3.简单概括判断伤情的依据是什么？

第三节 脊柱创伤处置

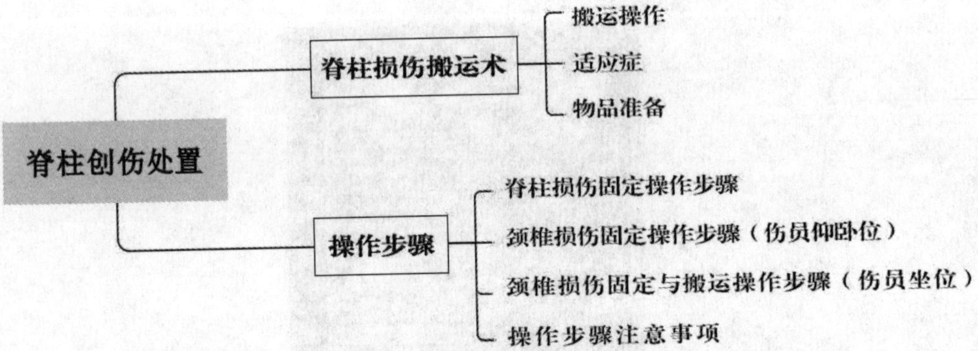

一、脊柱损伤搬运术

(一) 脊柱损伤的搬运操作

只要怀疑有脊柱损伤就应按脊柱损伤情况处理，将脊柱不稳定的患者仰卧固定在一块坚硬长背板上并将其放置在中心直线位置，即头部、颈部、躯干、骨盆应以中心直线位置逐一固定，保持脊柱伸直位，严禁弯屈或扭转。

图 7－3－1

(二) 适应症

钝性创伤者如出现下列情况应行脊柱固定：

1.脊柱疼痛或触痛；

2.出现神经性缺损主诉或体征；

3.脊柱结构变形。

(三) 物品准备

脊柱固定担架、短脊板、固定带、颈托、头部固定器，必要时可就地取材，如木板、门板等。

二、操作步骤

(一) 脊柱损伤固定操作步骤

现场评估	①观察周围环境安全后，紧急救援人员正面走向伤者并表明身份 ②告知伤者不要做任何动作，初步判断伤情，简要说明急救目的 ③先稳定自己再固定伤者，避免加重脊柱损伤
体位	仰卧位，头部、颈部、躯干、骨盆应以中心直线位，脊柱不能屈曲或扭转
搬运操作	用脊柱板、担架等。三人至患者同侧跪下插手，同时抬高、换单腿、起立、搬运、换单腿、下跪、换双腿同时施以平托法将患者放于硬质担架上，如图 7－3－2 所示 禁用：搂抱或一人抬头、另一人抬足的搬运方法，在伤处垫一薄枕，使此处脊柱稍向上凸，然后用 4 条带子把伤员固定在木板或硬质担架上（一般用带子固定胸与肱骨水平、前臂与腰水平、大腿水平、小腿水平，将伤员绑在硬质担架上），使伤员不能左右转动
监测与转运	检查固定带、观察患者生命体征、选择合适的转运工具，保证病人安全

图 7－3－2

(二) 颈椎损伤固定操作步骤 (伤员仰卧位)

现场评估、判断	①现场环境安全，询问伤员 ②伤员是高处坠落，神志清楚、诉颈部疼痛、下肢感觉障碍，怀疑颈椎损伤
调整颈部位置	①紧急救援员按脊椎损伤处理，助手准备颈托及脊椎板上头锁，调整头颈部 ②紧急救援员与助手配合；助手食指置伤者胸骨正中指示
检查头颈部	助手头胸锁固定头颈部，紧急救援员检查头枕部（颈椎形状、压痛）、上头锁
上颈托	助手检查测量伤员颈部的长度，调整所需尺寸，正确上颈托
全身检查判断伤情	头－颈－胸－腹－背部－外生殖器－下肢－上肢
上脊椎板	①助手头胸锁、二助准备脊椎板及约束带完毕 ②紧急救援员头肩锁（肩锁在侧翻的同侧）
整体侧翻	①紧急救援员指挥，两位助手左右手交叉抱伤员的肩、髂和膝部，将伤者轴位整体侧翻于侧卧位，保持脊柱在同一轴线 ②助手检查背部及脊柱
放置脊椎板	①助手拉脊椎板注意摆放在背部合适的位置 ②将伤者轴位放置回仰卧位

续表

脊椎板移动伤员	①助手用胸锁手法固定头颈部 ②紧急救援员用双肩锁，助手左右手交叉，将伤者在仰卧位平移，推至脊椎板合适位置，或沿伤员脊柱方向“N”字形轨迹平移伤员
头部固定	①一助头胸锁 ②二助准备头部固定器 ③紧急救援员上头部固定器
脊椎板约束带固定	助手按胸部、髋关节、膝关节、踝关节的顺序以约束带固定
再次检查伤员	再次确认伤势
搬运伤员	①紧急救援员指挥平稳抬起伤者，足先行，紧急救援员在头侧，同时观察头颈部情况 ②要求：口令简洁，整体配合；操作手法规范，动作交替流畅，配合默契，过程紧凑

（三）颈椎损伤固定与搬运操作步骤（伤员坐位）

初步判断伤情	①紧急救援员行胸背锁稳定伤者。一助至伤者后方，进行头、外耳道、颈后部查体，一助行后头锁 ②紧急救援员固定伤者双肩，保持伤者上身稳定，一助将伤者头部复位至正常体位
检查	紧急救援员进行颈部查体，判断伤者有无呼吸道损伤，然后放置颈托
放置颈托	①测量伤者颈部长度：拇指与掌面垂直，其余四指并拢并与伤者额面垂直测量下颌角至斜方肌前缘的距离 ②调整颈托，塑型 ③放置颈托时，颈托中间弧度卡于伤者右肩处并略向前下倾斜，先放置颈后，再放置颈前，保证位置居中，扣上搭扣，松紧度适中
颈托放置后	紧急救援员进行全身身体检查，顺序由上到下，由躯干到四肢

续表

使用解救套（短脊板）	①紧急救援员行胸背锁固定伤者 ②一助与二助放置解救套在伤者背部，平滑面的一面紧贴伤者身体 ③把解救套的中央放在伤者的脊椎位置后，一助换头锁 ④紧急救援员和二助把胸前的活动护胸甲围绕伤者的身躯，并向上轻微拉动贴在腋下 ⑤将肩带和胸腹部固定带扣好，确保活动护胸甲顶端置于伤者腋下；腿部固定带（黑色）自内而外、自下而上绕经伤者的膝间，紧贴腹股沟位置，由大腿内侧穿出，拉向外扣好并收紧 ⑥紧急救援员将颈部衬垫放好并将右手于短脊板后方行胸背锁，在颈部与解救套之间放置衬垫紧贴，确保无空隙，一助将头部护甲整理并置于正确位置后，行后头锁 ⑦紧急救援员将下颌固定带放于下颌位置并向上拉贴紧头部活动护甲，额部固定带放置额前后也将之向下拉贴紧头部活动护甲，注意保持气道通畅 ⑧从下至上拉紧各固定带，并用三角巾宽带将膝踝部固定 ⑨检查所有固定带松紧度并整理
搬运	①移动伤者：紧急救援员与二助在两边各自抓住腰两侧握把处，另一手放在伤者腿下，两人双手互扣抓牢，将伤者分两次 45°移动转体至 90° ②使用长脊板：长脊板放置上车担架与伤者背侧成一直线，稳定上车担架，一助用双肩锁固定头部，紧急救援员与二助抬高下肢先将伤者躯干平放于长脊板上，逐渐移动到位，适度放松肩、胸、腹、腹股沟固定带，解除膝踝三角巾，并平放在长脊板上 ③固定伤者：将伤者躯体和四肢固定在长脊板上，按从头到脚的顺序固定，头部固定器固定头部，胸部固定带交叉固定，腿部固定带斜行固定，并固定伤者与上车担架。紧急救援员自下而上检查各固定带，并判断伤者呼吸情况 ④紧急救援员平稳升高上车担架，搬运伤者，足侧先行，紧急救援员在头侧，同时观察伤者头颈部情况

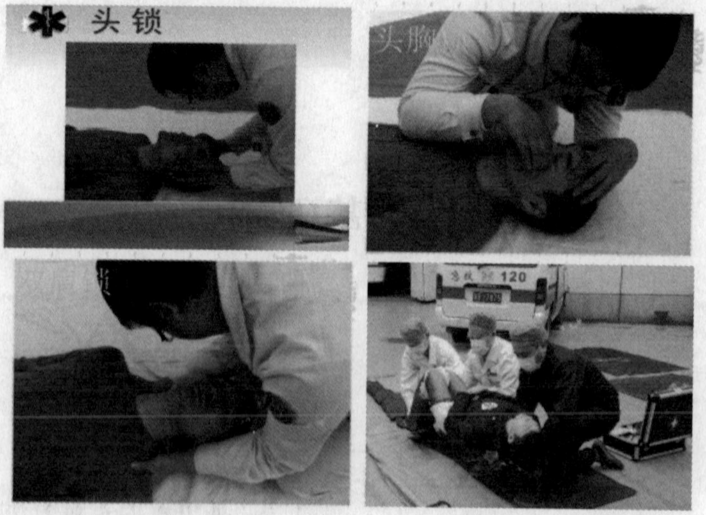

图 7—3—3

(四) 操作步骤注意事项

◆脊柱损伤搬运始终保持脊柱伸直位，严禁弯曲或扭转。

◆各项抢救措施的重要性排序为：环境安全＞生命体征平稳（CPR）＞开放性创伤及严重骨折（创口止血、骨折固定）＞搬运。

◆转运过程中需注意观察生命体征和病情变化。

第四节　基础创伤处置

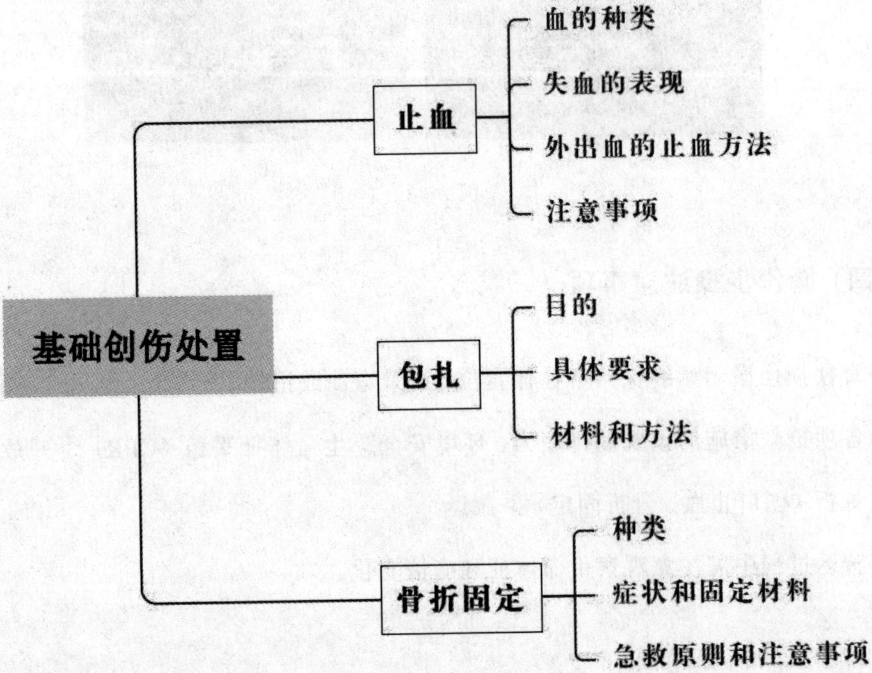
基础创伤处置
止血
血的种类
失血的表现
外出血的止血方法
注意事项
包扎
目的
具体要求
材料和方法
骨折固定
种类
症状和固定材料
急救原则和注意事项

一、止血

（一）血的种类

出血 （一般情况下）	外出血	体表可见。血管破裂后，血液经皮肤损伤处流出体外
	内出血	血液由破裂的血管流入组织、脏器或体腔内
出血 （根据血管种类）	动脉出血	血色鲜红，出血呈喷射状，与脉搏节律相同，危险性大
	静脉出血	血色暗红，血流较缓慢，呈持续状，不断流出，危险性较动脉出血小
	毛细血管出血	血色鲜红，血液从整个伤口创面渗出，一般不易找到出血点，常可自动凝固而止血，危险性小

（二）失血的表现

一般情况下，一个成年人：

◆当失血量在500毫升以下时，可以没有明显的症状。

◆当失血量在800毫升以上时，伤者会出现面色、口唇苍白，皮肤出冷汗，手脚冰冷、无力，呼吸急促，脉搏快而微弱等。

◆当出血量达1500毫升以上时，会引起大脑供血不足，伤者出现视物模糊、口渴、头晕、神志不清或焦躁不安，甚至出现昏迷症状。

(三) 外出血的止血方法

直接压迫法	暴露伤口→检查损伤部位末梢的脉搏和神经功能→用无菌纱布覆盖伤口并加压包扎 必须注意：①骨折或伤口有异物时不适用。②为减轻出血，可抬高损伤部位（有禁忌时例外）。③如覆盖在伤口上的敷料及包扎绷带已被血渗透，不必移去敷料，可再加敷料于其上，再用绷带缠绕包扎
指压止血法	根据动脉的走向，在出血伤口的近心端，通过用手指压迫血管，使血管闭合而达到临时止血的目的，然后再选择其他的止血方法。指压止血法适用于头、颈部和四肢的动脉出血
填塞止血法	用无菌的棉垫、纱布等，紧紧填塞在伤口内，再用绷带或三角巾等进行加压包扎，松紧以达到止血目的为宜。本法适用于中等动脉出血。大、中静脉损伤出血，或伤口较深、出血严重时，还直接用于不能采用指压止血法或止血带止血法的出血部位
加压包扎止血法	最常用的止血方法之一，适用于小动脉、静脉及毛细血管出血 方法：用消毒纱布或干净的手帕、毛巾、衣物等敷于伤口上，然后用三角巾或绷带加压包扎。压力以能止住血而又不影响伤肢的血液循环为宜。伤处有骨折时，须另加夹板固定。关节脱位及伤口内有碎骨存在时不用此法
加垫屈肢止血法	适用于上肢和小腿出血。在没有骨折和关节伤时可采用
止血带止血法	当遇到四肢大动脉出血，使用上述方法止血无效时采用。常用的止血带有橡皮带、布条止血带等。不到万不得已不要采用止血带止血

(四) 注意事项

1.上止血带时，皮肤与止血带之间不能直接接触，应加垫敷料、布垫或将止血带上在衣裤外面，以免损伤皮肤。

2.上止血带要松紧适宜，以能止住血为宜。扎松了不能止血，扎得过紧又容易损伤皮肤、神经、组织，引起肢体坏死。

3.上止血带时间过长，容易引起肢体坏死。因此，止血带上好后，要记录上止血带的时间，并每隔 40～50 分钟放松一次，每次放松 1～3 分钟。为防止止血带放松后大量出血，放松期间应在伤口处加压止血。

4.运送伤者时，上止血带处要有明显标志，不要用衣物等覆盖伤口，以免妨碍观察，并用标签注明上止血带的时间和放松止血带的时间。

二、包扎

(一) 包扎的目的

1.保护伤口，免受再次污染。

2.固定敷料和夹板的位置。

3.包扎时施加压力，以起到止血作用，为伤口愈合创造良好条件。

4.扶托受伤的肢体，使其稳定，减少痛苦。

(二) 包扎的具体要求

1.迅速暴露伤口，判断伤情，采取紧急措施。

2.妥善处理伤口，应注意消毒，防止再次污染。

3.所用包扎材料应保持无菌，包扎伤口要全部覆盖。

4.包扎的松紧度要适当，过紧影响血液循环，过松敷料易松脱或移动。

5.包扎打结或用别针固定的位置，应在肢体的外侧或前面，避免在伤口处或坐卧受压的地方。

6.包扎伤口时，动作要迅速、敏捷、谨慎，不要碰撞和污染伤口，以免引起疼痛、出血或污染。

(三) 包扎所用的材料和方法

包扎的材料分别有制式材料（如三角巾、四头带、绷带等）和就便材料两种，以下主要介绍三角巾和绷带这两种材料的基本用法。

1.三角巾包扎方法

先把三角巾急救包的封皮撕开，然后打开三角巾，将其内的消毒敷料盖在伤口上进行包扎；还可将三角巾叠成带状、燕尾形状或连成双燕尾形状和蝴蝶形等。这些形状多用于肩部、胸部、腹股沟部和臀部等处的包扎。使用三角巾，两底角打结时应为外科结，比较牢固，解除时可将其一侧边和底角拉直，即可迅速解开。

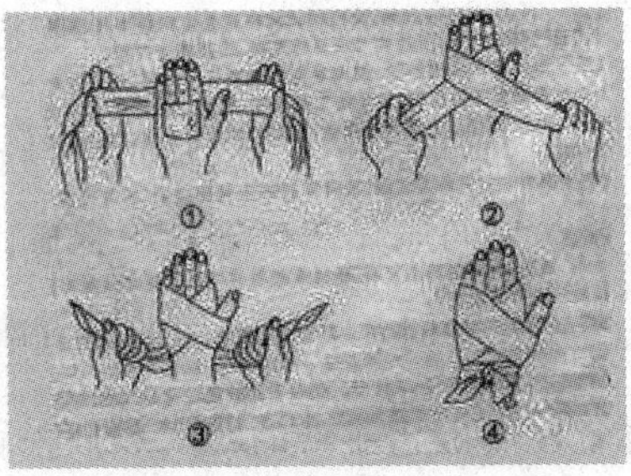

图 7—4—1　三角巾包扎方法

2.绷带包扎方法

（1）环形包扎法：把绷带作环形重叠的缠绕。多用在胸、腹部和粗细相等的部位。各种不同的绷带的开始和终了都用这种缠法。要使绷带牢固，环行包扎的第一圈可以稍斜缠绕，第二、三圈用环行，并把斜出圈外的绷带的一角折回圈里，再重叠缠绕，这样就不会滑脱了。

（2）螺旋法：把绷带逐渐上缠，每圈盖住前圈的三分之一至二分之一，呈螺旋形，用在粗细相近的部位。如粗细相差较大，可作反折包扎法，并把反折排在条线上，呈人字形。

（3）“8”字带：在弯曲关节的上下方，把绷带由下而上，呈“8”字形来回缠绕。

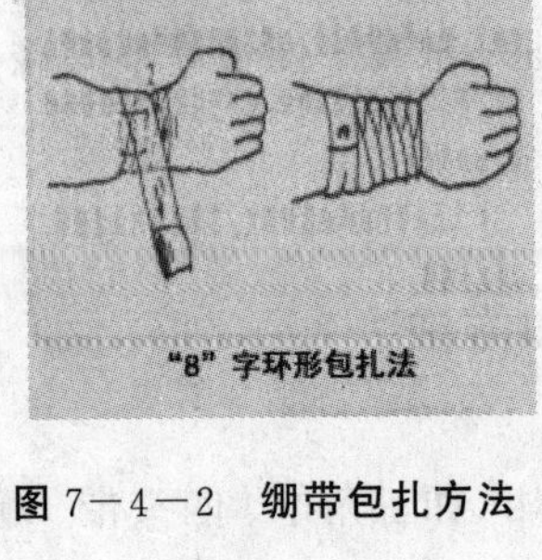

图 7—4—2　绷带包扎方法

三、骨折固定

(一) 骨折的种类

闭合性骨折	骨折处皮肤完整，骨折断端与外界不相通
开放性骨折	外伤伤口深及骨折处或骨折断端刺破皮肤露出体表外
复合性骨折	骨折断端损伤血管、神经或其他脏器，或伴有关节脱节等
不完全性骨折	骨的完整性和连续性未完全中断
完全性骨折	骨的完整性和连续性完全中断

(二) 骨折的症状和固定材料

1.症状：疼痛、肿胀、畸形、骨擦音、反常活动、功能障碍、大出血。

2.固定材料：夹板。

(三) 急救原则和注意事项

1.要注意伤口和全身状况，如伤口出血，应先止血，包扎固定。如有休克或呼吸、心跳骤停者应立即进行抢救。

2.在处理开放性骨折时，局部要作清洁消毒处理，用纱布将伤口包好，严禁把暴露在伤口外的骨折断端送回伤口内，以免造成伤口感染和再度刺伤血管和神经。

3.对于大腿、小腿、脊椎骨折的伤者，一般应就地固定，不要随便移动伤者，不要盲目复位，以免加重损伤程度。

4.固定骨折所用的夹板的长度与宽度要与骨折肢体相称，其长度一般以超过骨折上下两个关节为宜。

5.固定用的夹板不应直接接触皮肤。在固定时可用纱布、三角巾垫、毛巾、衣物等软材料垫在夹板和肢体之间，以免引起皮肤磨损或局部组织压迫坏死。

6.固定、捆绑的松紧度要适宜，过松达不到固定的目的，过紧影响血液循环导致肢体坏死。

7.对四肢骨折固定时，应先捆绑骨折断处上端，后捆绑骨折断处下端。

练一练

1.填空

(1) 出血一般可以分为________、________；根据血管种类，出血可以分为________、________、________。

(2)骨折分为________、________、________、________、________。

2.简述

(1) 外出血的止血方法。

(2) 三角巾的包扎方法。

第五节　公共卫生管理

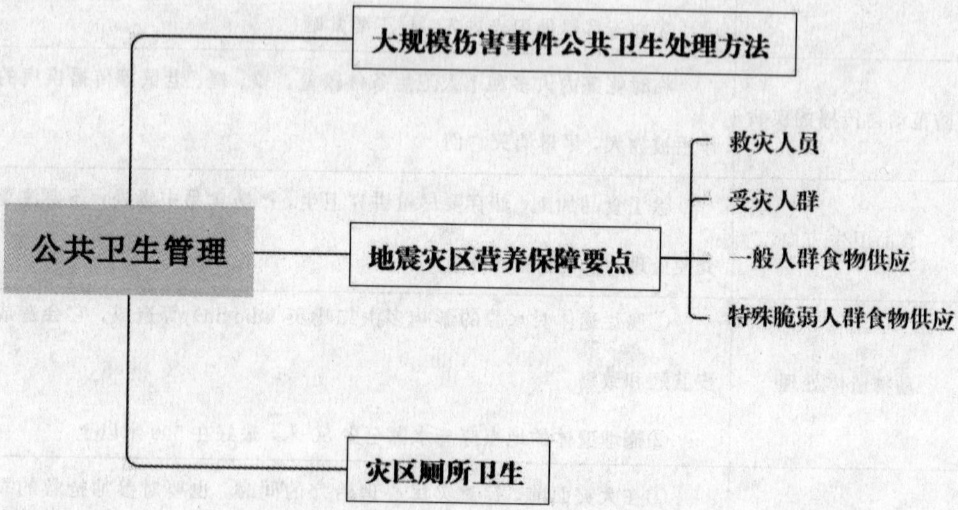
公共卫生管理
大规模伤害事件公共卫生处理方法
地震灾区营养保障要点
救灾人员
受灾人群
一般人群食物供应
特殊脆弱人群食物供应
灾区厕所卫生

一、大规模伤害事件（如地震）公共卫生处理办法

事项	处理方法
水源的卫生	①绝不可饮生水 ②地震后水源变咸，这水也不可饮用，需作降盐处理
空气传播的疾病	①建议在睡眠时尽量使相邻的人的头、脚反向安排 ②帐篷不要密闭过严，要保持适当通风 ③白天尽量使阳光进入，被子要常晒
防范动物传播的疾病	临时帐篷内人多和个人卫生条件较差。蚊、蝇、老鼠等传播疾病的作用被放大，尽量消灭它们
食品卫生方面	除了食品加工，储存要尽量讲究卫生，严防食品中毒外，还要注意粪便处理，也不要暴饮暴食
动物遗体处理	①腐烂遗体对水源的影响多由二噁英（dioxin）等造成，它会造成皮肤病和致癌 ②掩埋遗体的地点应离水源至少 50 米，最好在 500 米以上
注意社会学和精神健康方面的问题	①在大灾面前，针对灾民心理治疗的同时，也要对参加抢救的军人予以关心 ②检出“心理受伤”严重的人员，至少短期内，不让他们驾驶机动车等，以预防发生意外

二、地震灾区营养保障要点

（一）救灾人员

1.基本原则。保障基本食物与营养需要。

2.保持体能。重点关注饮水、能量、水溶性维生素、矿物质供应。

图 7—5—1 地震灾区

3.救灾人员食物供应

高劳动强度一线救灾人员	其他救灾人员
①提供充足的饮水 ②每日每人至少 2500 毫升，约 5 瓶矿泉水，每瓶 500 毫升，其中最好有运动饮料或果汁 2 瓶，必要时可以吃一些咸菜 ③保证能量供应 ④注意吃含油多的食品 ⑤每日进食方便面 3 桶、饼干 3 包（100 克/包）、火腿肠 4 根（40 克/根）、榨菜 2 包（80 克/包）、熟花生米 2 把（50 克）可满足基本需要 ⑥提供复合营养素补充剂片（按说明服用） ⑦增加其他包装食品供应，如午餐肉、鱼、肉罐头、卤蛋、牛奶等	①保证水及饮料的供应 ②每人每日至少 1500 毫升，约 3 瓶矿泉水，其中最好有果汁饮料 1 瓶 ③保证能量供应 ④例如：每日多吃米饭或方便面 3 桶、饼干 2 包（100 克/包）、火腿肠 2 根（40 克/根）、榨菜 1 包（80 克/包） ⑤注意水溶性维生素及矿物质供应，建议按说明服用复合营养素补充剂片 ⑥增加供应其他包装食品，如午餐肉、鱼、罐头、卤蛋、牛奶等

（二）受灾人群

基本原则：

保障基本饮水、食物与营养需要，保持抵抗疾病能力。重点关注特殊脆弱人群，如婴幼儿、儿童、孕妇、乳母等，在食物供给上与一般人群加以区别。

(三) 一般人群食物供应

1.保证水及饮料的充足供应。每日每人不少于1500毫升，约3瓶矿泉水，其中最好有果汁饮料1瓶。

2.保证能量供应。如米饭、饼干、方便面等谷类食品，如果只有方便食品，方便面2盒/包，饼干2包（100克/包），火腿肠2根（40克/根）。

3.注意水溶性维生素及矿物质供应。建议按说明服用复合营养素补充剂片，每周2～3次。

(四) 特殊脆弱人群食物供应

婴儿	5岁以下儿童	孕妇、乳母
①坚持母乳喂养 ②不能母乳喂养的婴儿特别是6个月以下的应使用婴儿配方 ③6个月以上婴儿除母乳外，还可服用配方奶粉、鸡蛋等辅食 ④每日可服用婴儿辅食营养包一袋	①保障能量和蛋白质需求。最好每日1个鸡蛋、一袋牛奶（250毫升） ②除每日三餐之外，应该有加餐 ③注意富含优质蛋白食物如肉类、火腿肠、豆腐干等的摄入 ④食物应该易于消化，每日可添加一袋幼儿辅食营养包 ⑤保证食用碘盐	①保证充足的食物：米面每天1～2斤，一个鸡蛋，饼干1包（100克/包） ②多饮汤汁：每日一袋牛奶（500毫升），2～3瓶矿泉水（500毫升/瓶） ③适当增加肉罐头、火腿肠等鱼、禽、肉丰富的食品摄入 ④孕妇按说明每日服用叶酸补充剂片 ⑤保证食用加碘食盐

三、灾区厕所卫生

厕所是人们生活必不可少的卫生设施。灾害时用的厕所应达到应急性、便利性、实用性和合理性的要求。

根据实际情况合理布局设置厕所：

尽快修复一批公共厕所	地点适宜而厕坑粪池损坏不严重、厕屋安全、无危险的原有公厕，可组织人员加以修复，投入使用
搭建临时公共厕所	在灾民聚集点，选择合适地址，因地制宜，就地取材，搭建应急临时公厕 厕坑应不渗漏，或用塑料、陶瓷缸作为粪池。而小便处可用塑料桶作为尿液收集容器 厕墙和厕顶可用草席、塑料膜或其他材料
调运一批商品化厕所	城市可用各种流动厕所，农村可用塑料缸式的三格化粪池厕所、双瓮漏斗式等商品化厕所
准备一批户用厕所	用折叠式座（凳）和厕桶组合成的户用厕所，体积小，方便家庭使用，价廉，可在市场购买

第六节　心理危机干预

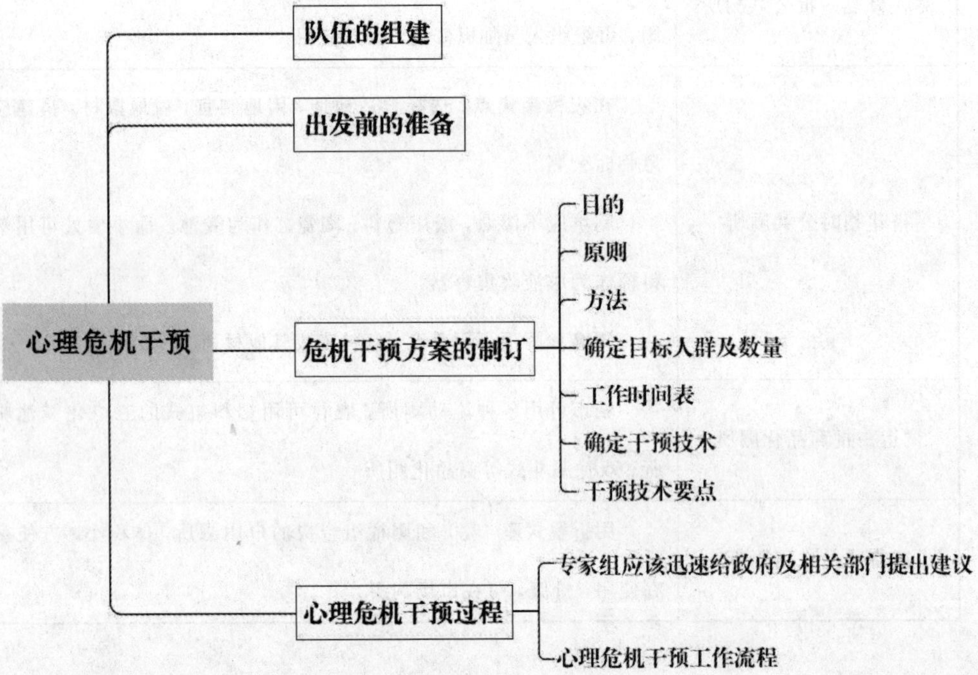

一、心理危机干预队伍的组建

心理危机干预队伍的组建应当以受灾当地的精神卫生机构的精神科医生为主，精神科护士、心理咨询师、社会工作者为辅。

心理危机干预医疗队应该配队长一名，队员根据灾情配置，有条件的单位建议指派一名联络员，负责团队后勤保障和与各方面的联系。医疗队至少两人，尽量避免单人行动。

二、心理危机干预队伍出发前的准备

1.了解灾区基本情况。包括：灾难类型、伤亡人数、道路、天气、通信和物资供应等；了解目前政府救援计划和实施情况等。

2.复习本次灾难引起的主要躯体损伤的基本医疗救护知识和技术，例如骨折伤员的制动搬运、创伤止血等。

3.确定干预地点，准备交通地图。

4.初步估计干预对象及其分布和数量。

5.制订初步心理危机干预实施计划。

6.编制、印刷心理危机干预评估工具和相关宣传资料。

7.联络、了解需要干预的社区、医院以及住院受伤人员、死难者及其家属分布和安置情况，制定具体的干预流程和路线。

8.干预团队食宿安排，干预队员自用物品、常用药品的准备等。

9.外援的医疗队在到达灾区之后，最好与当地的精神卫生工作人员进行联合工作，对没有危机干预经验的当地精神科人员进行紧急的危机干预知识培训，扩大人力资源。

三、危机干预方案的制订

（一）危机干预的目的

积极预防、及时控制和减缓社会影响；促进灾后心理健康重建；维护社会稳定，保障公众心理健康。

（二）原则

1.与整体救援活动整合在一起进行，及时调整心理救援的重点，配合整个救灾工作的进行；

2.以社会稳定为前提工作，不给整体救援工作增加负担，减少次级伤害；

3.综合应用干预技术，个体化地针对目前问题并提供帮助；

4.保护被干预者的隐私，不随便透露个人信息；

5.明确心理危机干预是医疗救援的一部分，并不是万能的。

（三）方法

评估、干预、教育、宣传相结合，提供灾难心理救援服务；尽量进行灾难社会心理监测和预报，为救援组织者提供处理紧急群体心理事件的预警及解决方法；促进形成灾后社区心理社会干预机制网络。

（四）确定目标人群及数量

本次地震灾难的心理受灾人群大致分为五级。目前的重点干预目标从第一级人群开始，一般性干预宣传广泛覆盖五级人群。

第一级人群	为直接卷入地震灾难人员，死难者家属及伤员
第二级人群	与第一级人群有密切联系的个人和家属、可能有严重的悲哀和内疚反应，需要缓解继发的应激反应；现场救护人员（消防人员、武警官兵、120 救护人员、其他救护人员），以及地震灾难幸存者
第三级人群	从事救援或搜寻的非现场工作人员（后援）、帮助进行地震灾难后重建或康复工作的人员或志愿者
第四级人群	受灾地区以外的社区成员，向受灾者提供物资与援助。在某些人为灾难中，对灾难的发生可能负有一定责任的组织者也属于第四级人群
第五级人群	在邻近灾难场景时心理失控的个体，易感性高，可能表现出心理病的征象

（五）工作时间表

根据目标人群及干预队伍成员人数，排出工作日程表。

（六）确定干预技术

ABC法：

A.心理急救，稳定情绪

B.行为调整，放松训练，晤谈技术（CISD）

C.认知调整，晤谈技术＋眼动脱敏信息再加工技术（EMDR）

1.首先要取得受伤人员的信任，建立良好的沟通关系；

2.提供疏泄机会，鼓励他们把自己的内心情感表达出来；

3.对访谈者提供心理危机及危机干预知识的宣教，解释心理危机的发展过程，使他们理解目前的处境，理解他人的感情，建立自信，提高对生理和心理应激的应付能力；

4.根据不同个体对事件的反应，采取不同的心理干预方法，如积极处理急性应激反应、开展心理疏导、支持性心理治疗、认知矫正、放松训练、晤谈技术等，以改善焦虑、抑郁和恐惧情绪，减少过激行为的发生，必要时适当应用镇静药物；

5.除常规应用以上技术进行心理干预外，引入规范的程式化心理干预方法——眼动脱敏信息再加工技术；

6.调动和发挥社会支持系统（如家、社区等）的作用，鼓励受灾人员多与家人、亲友、同事接触和联系，减少孤独和隔离。

（七）干预技术要点

1.心理急救

接触和参与	倾听与理解。应答幸存者，或者以非强迫性的、富于同情心的、助人的方式与幸存者接触
安全确认	增加当前的和今后的安全感，帮助其放松情绪，确认自我安全感的程度

续表

稳定情绪	使在情绪上被压垮的幸存者得到心理平静、恢复情绪反应。可以使用愤怒处理技术、哀伤干预技术
释疑解惑	识别出需要立即给予关切和解释的问题，立即给予可能的解释和确认
实际协助	给幸存者提供实际的帮助，比如询问目前实际生活中还有什么困难，协助幸存者调整和接受因地震改变的生活环境及状态，以处理现实的需要和关切
联系支持	帮助幸存者与主要的支持者或其他的支持来源，包括家庭成员、朋友社区的帮助资源等，建立短暂的或长期的联系
提供信息	提供关于应激反应的信息、关于正确应付应激反应、减少苦恼和促进社会恢复的信息
联系其他服务部门	帮助幸存者联系目前需要的或者即将需要的那些可得到的服务

2.心理晤谈

◆心理晤谈的目标：公开讨论内心感受；支持和安慰；资源动员；帮助当事人在心理上（认知上和感情上）消化创伤体验。

◆急性期集体晤谈时限：灾难发生后24～48小时是理想的帮助时间，6周后效果甚微，以重建为目的的晤谈可以在恢复期进行。理论上灾难事件中涉及的所有人员都应该参加集体晤谈。

◆晤谈过程：正规分为6期，非常场合操作时可以把第二期、第三期、第四期合并进行。

第一期介绍期	指导者进行自我介绍，介绍集体晤谈的规则，仔细解释保密问题
第二期事实期	请参加者描述地震事件发生过程中他们自己及事件本身的一些实际情况；询问参加者在这些严重事件过程中的所在、所闻、所见、所嗅和所为；每个参加者都必须发言，然后参加者会感到整个事件由此而真相大白

续表

第三期感受期	询问有关感受的问题：事件发生时你有何感受？你目前有何感受？以前你有过类似感受吗？
第四期症状描述期	请参加者描述自己的应激反应综合征症状，如失眠、食欲不振、易发脾气、易受惊吓等；询问地震事件过程中参加者有何不寻常的表现，如不停地闪出事件的影子，注意力不集中，记忆力下降，决策和解决问题的能力减退，易发脾气，易受惊吓等；询问地震事件过程中参加者有何不寻常体验，目前有何不寻常体验？事件发生后，生活有何改变？请参加者讨论其体验对家庭、工作和生活造成什么影响和改变？
第五期辅导期	介绍正常的应激反应表现，提供准确的信息；讲解事件、应激反应模式；自我识别症状，将应激反应常态化，动员自身和团队资源互相支持，强调适应能力；讨论积极的适应与应付方式，提供有关进一步服务的信息；提醒可能出现的并存问题（如过度饮酒）；根据各自情况给出减轻应激的策略
第六期恢复期	拾遗收尾；总结晤谈过程；回答问题；提供保证；讨论行动计划；重申共同反应；强调小组成员的相互支持；整合可利用的资源

整个过程需 2 小时左右完成。严重事件后数周或数月内进行随访。

◆晤谈注意事项：

①对那些处于抑郁状态的人或以消极方式看待晤谈的人，可能会给其他参加者造成负面影响。

②鉴于晤谈与特定的文化性建议相一致，有时文化仪式可以代替晤谈。

③对于急性悲伤的人，如家中亲人去世者，并不适宜参加集体晤谈。因为时机不好，如果参与晤谈，受到高度创伤者可能给同一会谈中的其他人带来更具灾难性的创伤。

④WHO 不支持只在受灾者中单次实施。

⑤受灾者晤谈结束后，干预团队要组织队员进行团队晤谈，缓解干预人员的压力。

⑥不要强迫叙述灾难细节。

3.松弛技术

可以教所有被干预者学会一种放松技术，如呼吸放松、肌肉放松、想象放松。分离反应明显者不适合学习松弛技术（分离反应表现为对过去的记忆、对身份的觉察、即刻的感觉乃至身体运动控制之间的正常的整合出现部分或完全丧失）。

四、心理危机干预过程

专家组应该迅速给政府及相关部门提出建议	心理危机干预工作流程
1.如果有些医院伤员及家属过于集中，会给救援工作和善后处理带来一些隐患，建议尽量将其分散救治 2.对于死者家属的安置要尽可能分散，持续有人陪伴，提供支持帮助；防止他们在一起出现情绪爆发，影响善后处理 3.对死伤者及其家属的信息通报要公开、透明、真实、及时，以免引起其激动情绪，给救援工作带来继发性困难 4.在对伤员及其家属进行心理救援的同时，政府各部门要对参与救援人员的心理应激加以重视，组织他们参加由专业人员提供的集体心理辅导 5.动员社会力量参与，利用媒体的资源，向受灾民众宣传心理应激和精神健康知识，宣传应对灾难的有效方法，动员当地政府人员、援救人员、医务人员、社区工作者或志愿者接受工作组的培训，让他们参与心理援助活动	1.联系救援指挥部、各家医院，确定地震灾难伤员住院分布情况，以及进入现场救援的医护人员情况 2.拟定心理危机干预培训内容、宣传手册、心理危机评估工具，并紧急印刷 3.召集人员，及时开展技术培训，统一思想，心理危机干预技术、流程、评估方法等技术线路都应该统一 4.如有需要，紧急调用当地精神卫生机构的人员和设备 5.分组到各家医院、社区和需要的地方，按计划对不同人群进行访谈，发放心理危机干预宣传资料 6.使用评估工具，对访谈人员逐个进行心理筛查，评估重点人群 7.根据评估结果，对心理应激反应较重的人员当场进行初步心理干预

续表

专家组应该迅速给政府及相关部门提出建议	心理危机干预工作流程
6.定期召开信息发布会，让公众了解救援工作的进展情况及已做的工作。注意发布前把必须传达的信息做好整理，回答记者的问题要尽可能精确和完整，尽可能保证属实。如果没有信息或信息不可靠，要如实回答。积极主动，引导舆论导向 7.积极和指挥部沟通，进一步协调各部门关系，保证心理危机干预工作的顺利进行	8.访谈结束后，将访谈结果向当地负责人汇报，提出对高危人群的指导性意见。特别要交代灾区工作人员在照顾高危人群时的注意事项，包括简单的沟通技巧以及工作人员自身的心理保健技术 9.对每一个筛选出有急性心理应激反应的人员进行随访，强化心理干预和必要的心理治疗，治疗结束后再次进行心理评估 10.对救灾工作的组织者、社区干部、救援人员进行集体讲座、个体辅导、集体晤谈等干预处理。现场救援人员经常出现的应激反应为：地震灾难场景的闪回、情绪不稳定、焦虑，食欲差、失眠，工作效率下降等 11.及时总结当天工作，最好每天晚上召开碰头会，对工作方案进行调整，计划次日的工作，同时进行团队内的相互支持，最好有督导 12.全部工作结束后，及时总结并汇报给有关部门，全队最好接受一次督导

练一练

简述危机干预方案的制订过程。

第八章　一般应急救援基础知识

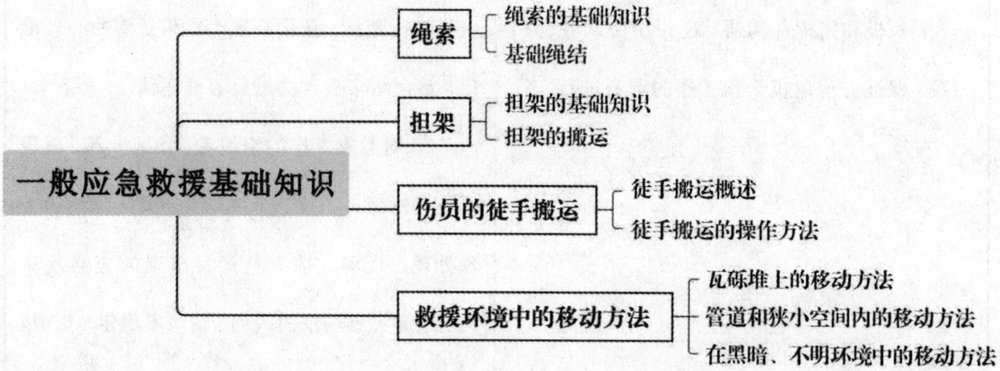

【学习目标】

1.掌握基础绳结、担架的搬运、徒手搬运的操作方法。

2.理解绳索、徒手搬运的概述。

3.了解担架的基本知识及救援环境中的移动方法。

第一节 绳索

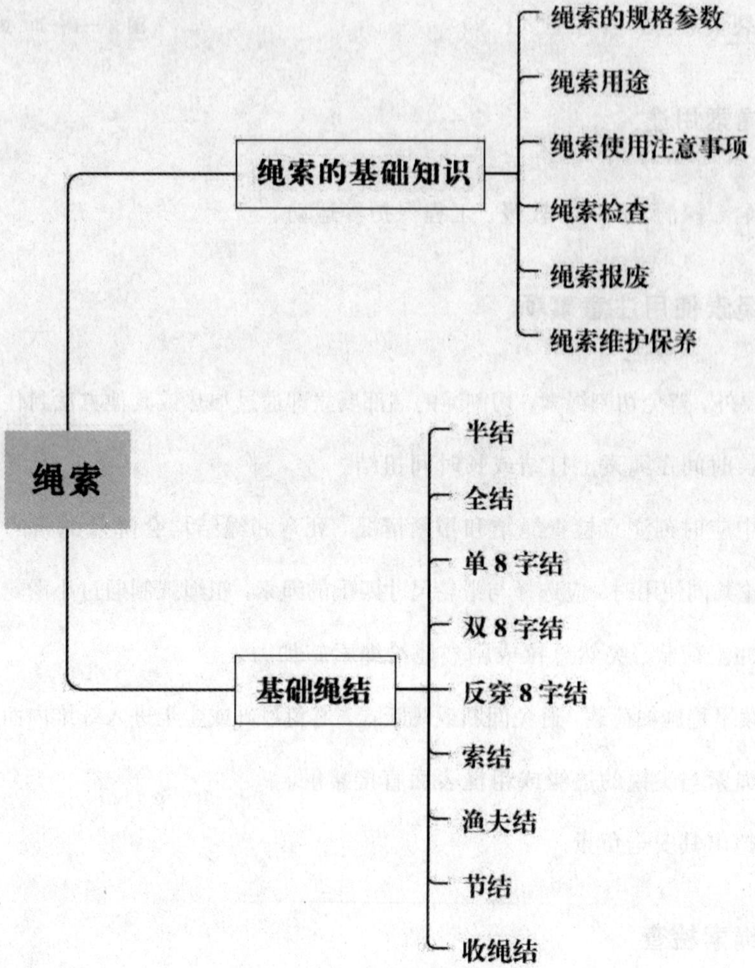
绳索
绳索的基础知识
绳索的规格参数
绳索用途
绳索使用注意事项
绳索检查
绳索报废
绳索维护保养
基础绳结
半结
全结
单8字结
双8字结
反穿8字结
索结
渔夫结
节结
收绳结

一、绳索的基础知识

(一) 绳索的规格参数

图 8—1—1　绳索

种类：静力绳　　直径：10.5 毫米

耐温度：240℃　　安全负重：300 千克

材料：尼龙纤维　　长度：12 米

最大断裂负载：30 千牛顿（KN）

(二) 绳索用途

用于攀岩、探洞、溪降、救援、工程保护等运动。

(三) 绳索使用注意事项

1.除必要外，避免切割绳索，切割绳的端部要立即通过加热或其他方法封住，防止松散。

2.避免长时间在绳索上打结或长时间扭结。

3.使用中应时刻注意检查绳结和扣紧情况，死弯和绳结均会降低绳索的承载力。

4.与滑轮共同使用时，应选择与滑轮尺寸匹配的绳索，粗绳强制通过小滑轮将损坏绳索。

5.避免冲击荷载、突然急拉或剧烈地给绳索施加力。

6.应连续平稳施加荷载，避免间断或跳跃式，避免沙砾或尘土进入纤维内而损坏绳索。

7.避免绳索与尖锐的边缘或粗糙表面直接接触。

8.不可超出其安全负重。

(四) 绳索检查

所有绳索在使用前、使用中和使用后都应当进行检查与监控。检查方法是眼看手摸。

眼睛检查	①绳索纤维是否变色 ②绳索是否局部融化 ③绳索芯的白色细丝是否露出 ④绳索直径、形状是否发生变化 ⑤绳索磨损情况，过度磨损可能会损坏保护套和局部强度降低 ⑥绳索刚度是否协调，绳索应能以相同半径被弯曲盘绕，出现局部不协调变软的部位有可能损坏其绳芯
手感检查	①纤维变硬：表示绳索被超载或污染 ②直径变化：绳索直径不规则（软点）可能核心损坏，表观上直径变粗可能是核心严重扭曲，或核心细丝透过护套鼓出 ③污染：存在污垢或其他物质 注：不能仅仅以载荷试验结果作为判断绳索是否安全的唯一标准

（五）绳索报废

在不损坏绳索的前提下决定绳索的继续使用还是报废主要依靠经验，因此，必须由有能力的救援教官、绳索救援技术人员或专家认真地检查。遇如下列情况之一必须报废：

1.磨损：一般规则，当50%以上的护套纱线被磨损，或护套磨损严重呈絮状部分超过直径的25%。

2.超载：经受过反复的冲击荷载或超过承载能力的绳索。

3.污染：除了证明绳索所接触的物质是无害的以外，一般作为污染对待。

4.质地：质地不均，如存在软硬不一致现象。

5.直径：直径变化明显的绳索。

6.护套：通过护套上的孔可看见白色的核心细丝，或护套内的核心细丝蓬松状鼓出。

7.当某些救援队绳索的寿命或使用时间有限制时，只要用过或有怀疑的绳索就应报废。

(六) 绳索维护保养

1.要及时清洗在泥浆、砂或沙砾环境下工作结束后的绳索，最好的清洗方法是在流动的水中清洗。

2.不要在火上或用其他热源烘烤或暴晒绳索，将绳索放在梯子上或摊开在通风且无阳光照射的阴凉地面上晾干。

3.避免将绳索直接置于地面上储存，最好放在架子上并罩上防尘布，避免极端温度和远离污染物。

4.对损坏和有问题的绳索必须贴上相应的标签并立即撤出，其详细情况还必须记录在绳索档案上。

5.绳索使用期间尽量不要直接暴露在阳光下，避免强烈的光辐射使纤维老化。

6.确保绳索不要与润滑油、汽油、液压油、酸、碱和其他化学物品接触，以防腐蚀或污染。

二、基础绳结

基础绳结的操作方法如下。

(一) 半结

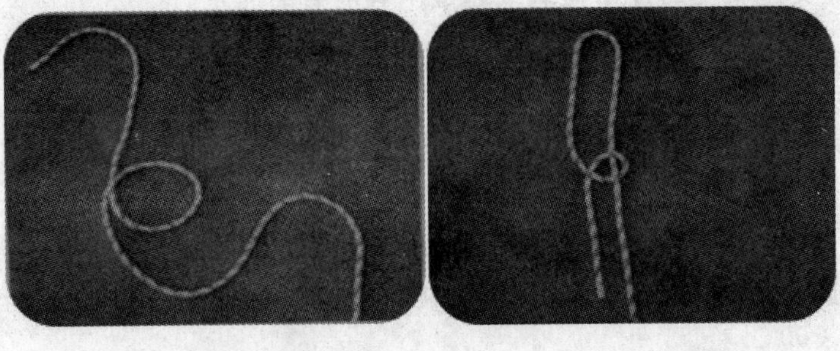

图 8—1—2　半结

1.作用：防止绳子滑动，但必须两端同时受力，作为过渡结使用。

2.操作方法：副绳绕主绳半圈后从所形成的绳圈当中穿出去并向上端收紧。

（二）全结

图 8—1—3　全结

1.作用：

（1）防止绳子滑动。

（2）在绳端绽开时可暂时防止继续脱线。

（3）起提示作用。

2.操作方法：副绳绕主绳半圈后从所形成的绳圈当中穿出去并收紧。

（三）单 8 字结

图 8—1—4　单 8 字结

1.作用：

（1）结于绳端以提示救援人员此段绳索已接尾部。

（2）当拖曳时，作防滑之用。

（3）防止绳索滑出滑轮。

2.操作方法：副绳绕主绳一圈之后从所形成的绳圈背面穿出去并收紧。

（四）双 8 字结

图 8—1—5　双 8 字结

1.作用：利用绳端结成绳圈，固定在开放性的物体之上。

2.操作方法：副绳与主绳并成双股，然后按照打单 8 字结的方法操作并逐根收紧。

（五）反穿 8 字结

图 8—1—6　反穿 8 字结

1.作用：利用绳端结成绳圈，固定在闭合性的物体之上。

2.操作方法：根据所固定的物体的大小做出一个单 8 字结，不要收紧，接下来将副绳端沿着作单 8 字结的绳路方向原路返回，最后逐根收紧。

（六）索结

图 8—1—7　索结

1.作用：可利用绳索的任何一段打结，让绳子保持收紧及固定。

2.操作方法：副绳绕所需固定的物体两圈之后，副绳压着主绳连续做两个半结并收紧。

（七）渔夫结

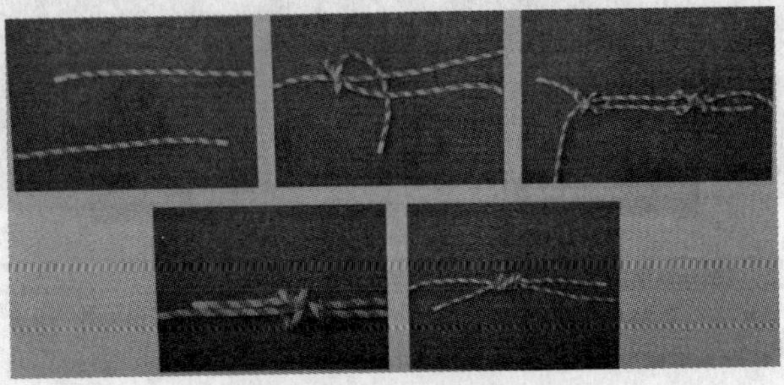

图 8—1—8　渔夫结

1.作用：当绳索长度不够时，可将两根粗细和材质相同的绳子接在一起。

2.操作方法：将两根绳子的副绳并到一起，其中的一根绕着另外一根缠两圈之后，绳头从绳圈当中穿出去并收紧，做完之后再将另外一根绳子按照相同的方法做出相同的结并收紧，做完之后两根绳子同时收紧，就可将绳子连接到一起。

3.使用条件：只限于相同材质和相同直径规格的绳子使用此结。

(八) 节结

图 8—1—9 节结

1.作用：

(1) 在一定的坡度上上升和下降的时候，用作保护。

(2) 可以在登山的过程中使用。

2.操作方法：将绳子的副绳端用左手抓住，右手将剩下的绳子反手向上收起形成一个绳圈之后交给左手，用相同的操作方法连续地做下去，最后将副绳端的绳头从所有绳圈当中穿过去并逐个放开。

(九) 收绳结

图 8—1—10 收绳结

1.作用：用于整理好绳索，便于携带。

2.操作方法：将绳头的一端对折之后预先形成一个绳圈交给左手，右手将剩余的绳子按照操作人员的双臂展开的长度做成绳圈之后交给左手，用相同的操作方法将绳子收完，在最后一端不够形成一个完整绳圈时，将其缠绕在所有绳圈上，缠的次数以3～6圈为宜，缠完之后将绳头从预先形成的绳圈当中穿出去并收紧就可以了。

练一练

动手操作：掌握基础绳结的操作方法。

第二节　担　架

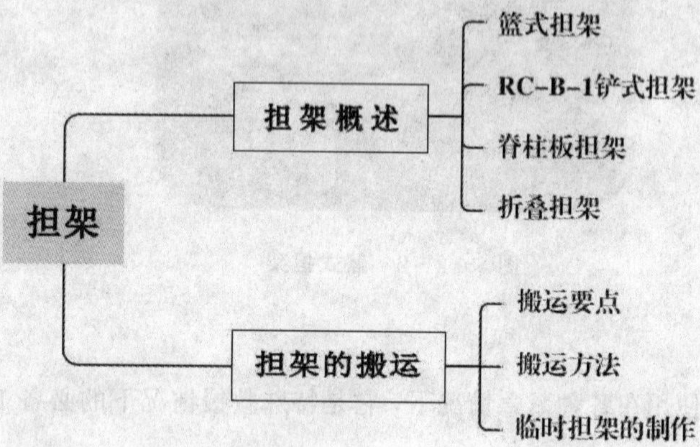

一、担架概述

(一) 篮式担架

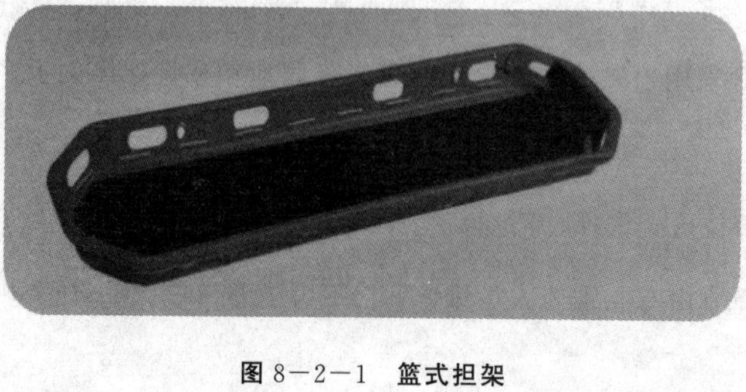

图 8—2—1　篮式担架

1.主要技术参数

长度：216 厘米　宽度：61 厘米　高度：19 厘米

净重：18 千克　承重：159 千克

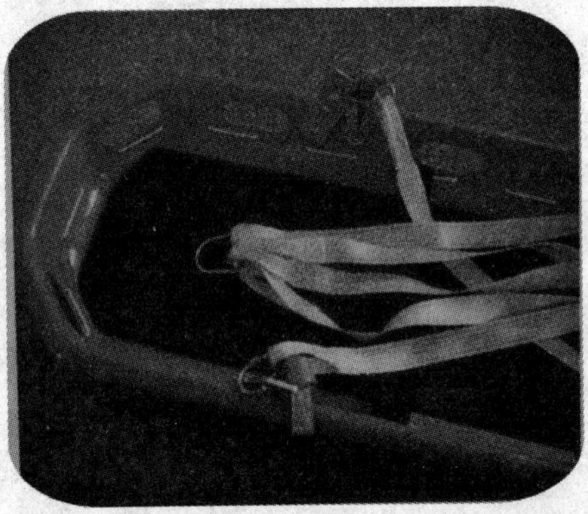

图 8—2—2　篮式担架

2.性能特点

这种担架主要被使用在各种紧急情况下，它是特殊救援情况下的必备工具，这是相当可靠的装置，易被援救人员安全和快速地操作。配有特殊的绳索，这种担架对起吊和转移来说是理想的救援设施。可用于高空和水上救援，它有可调节的脚部安全装置，安全带和舒适的床垫。

3.操作方法

将病人放入担架，扣牢安全带，即可转移。

4.注意事项

转移患者前必须用担架上的安全带将患者牢固地扣在担架床面上。

5.维护保养

(1) 担架各部位应经常保持清洁。

(2) 出现故障要由专业维修人员维修，切不可随意拆修。

（二）RC－B－1 铲式担架

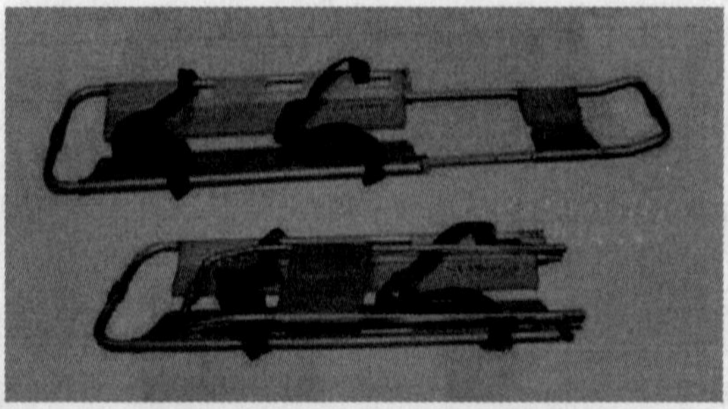

图 8－2－3　RC－B－1 铲式担架

1.主要技术参数

展开尺寸：202×42×7（厘米）　　折叠尺寸：118×42×7（厘米）

自重：8 千克　承重：159 千克

2.性能特点

（1）采用高强度优质花纹铝合金板，转送骨折及重伤员，两端设有离合装置，使担架分离成左右两部分。

（2）本担架可在原地固定病人，减少对病人的二次伤害。

（3）在不移动病人的情况下，迅速将病人铲入或从病人身下抽出担架。

（4）担架长度根据病人身长可做调节。

（5）担架一端（脚部）采用框架结构。

（6）全铝合金制成，主要适用于医院、救援场地运送伤员。

（三）脊柱板担架

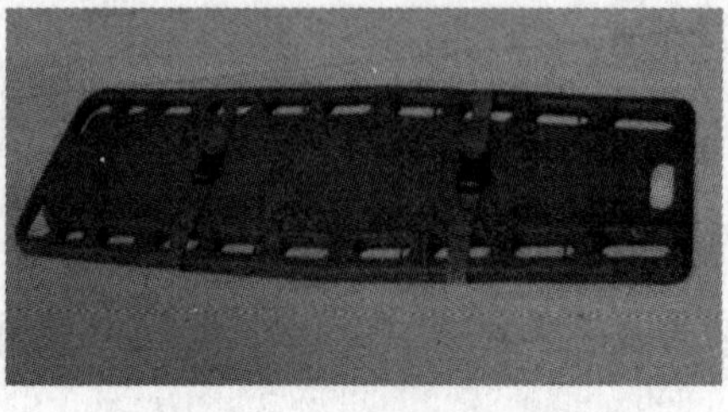

图 8－2－4　脊柱板担架

1.主要技术参数

尺寸：184×46×5（厘米）

自重：8 千克　承重：159 千克

2.性能特点

（1）采用 PE 材料成型，材质采用无毒无污染无释放材料，坚固耐用，可进行 X 光透视。

（2）担架配有安全带。

（3）安全带尺寸可调节。

（4）四周设有多个把手孔方便医护人员搬运伤员。

（5）头部特设头部固定器安装位置。

（四）折叠担架

图 8—2—5　折叠担架

1.主要技术参数

展开尺寸：212×55×13（厘米）

折叠尺寸：58×14×24（厘米）

重量：5.5 千克

2.性能特点

（1）本担架带支腿，可纵向和横向折叠，带手提拎包。

（2）采用高强度铝合金材料和牛津革担架面制成，具有重量轻、体积小、携带方便、使用安全、易消毒清洗等优点。

（3）主要适用于医院、救护车运送伤员。

二、担架的搬运

（一）担架的搬运要点

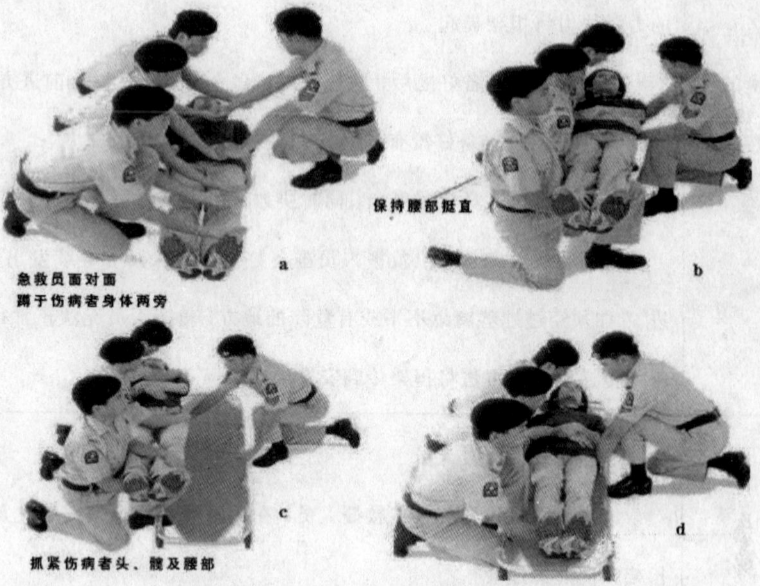

图 8－2－6　担架的搬运要点

担架是救援过程中转运伤员最方便的用具，搬运要点：

1.将伤员固定于担架上；

2.伤员的头部在担架搬运前进方向的后方，足部在前，以便后面抬担架的救援队员观察伤员的病情变化；

3.抬担架的人要步调一致，始终保持伤员的头部处于高位；

4.一般情况下伤员多采取平卧位，在昏迷时应采取侧卧位，有脑脊液耳漏、鼻漏时头部应抬高 30°，防止脑脊液逆流和窒息。

(二) 担架的搬运方法

一般环境的担架搬运	①四名救援人员分两行单膝跪在担架左右两侧（靠近担架的腿跪下），两侧救援人员取相同的距离，单手紧握担架两侧的把手位置，另一只手撑在立着的腿的膝盖上。提起担架时救援人员应尽可能保持背部挺直，利用腿部的力量协力将担架提起 ②所有人员准备好之后，队长可发出口令（队长为担架前进方向右后方的救援人员）："准备好没有？一，二，三，起" ③其余救援人员依照口令，同时协力将担架缓慢而稳定地提起 ④当队长确定每一位救援人员准备好之后，队长可继续发出口令："前进。"如须经过地势崎岖不平或有危险的地方，救援人员无法正常行走时，可采用传递担架的方法将担架传到安全地点
六人（或以上）传递担架运送	①使用六名救援人员 ②担架的每边置放三名救援人员，在瓦砾堆上寻找良好的立足点，抬起担架并向前传递 ③担架向前传递直到有支持四名救授人员支撑托住而腾出另外两名救援人员，这两名腾出的救援人员则从担架的周围小心爬上，并在担架的另一端位置继续传递 a.首先安排六名救援人员面向担架分别站立于担架左右两侧（四名队员按抬担架的姿势面对面站立，另两边队员分别站于担架前进方向50厘米处），由队长发出口令。当听到："准备好没有？一，二，三，起"时，四名救援人员将担架抬起至腰部的高度，当再听到"准备好没有？"的口令时，所有救援人员必须确保已经保持稳固（如有任何救援人员没有站稳，应立即报告队长） b.1号至4号救援人员分别提着担架的侧缘，5号、6号救援人员站立于担架前进方向约半米处

续表

六人（或以上） 传递担架运送	c.3 号、4 号救援人员询问 5 号、6 号救援人员“准备好没有?”，5 号、6 号救援人员回答“好”时 d.3 号、4 号救援人员发出口令“一，二，三，传”，把担架传至 5 号、6 号救援人员手中，各救援人员应沿担架外侧传递担架，手不允许离开担架及交叉双手，也不能与其他救援人员交叉双手 e.担架传递时是手动脚不动 f.1 号至 4 号救援人员把担架传递给 5 号、6 号人员，待 5 号、6 号救援人员握稳担架后说“固定”的口令时，1 号、2 号救援人员方可松手，走到担架前准备继续接担架 在传递的过程中，如两旁空间不足使救援人员通过时，可从担架底下爬到前方再进行传递，各救援人员切勿随意移动。多人传递时要保持担架两侧人数相同，避免伤员倾斜或头部处于低位的情况发生
单绳保护 担架移动	①使用五名救援人员、一根绳索 ②用绳索的一端做一个大“8”字结固定在担架的一端，一名救援人员寻找一个固定点，将绳索的另一端固定在自己身上保护担架下降 ③1 号至 4 号救援人员分别握着担架的侧缘，固定担架。担架前进方向的两名救援人员（1 号、2 号）扶住担架移动到担架前四十厘米处固定 ④1 号、2 号救援人员询问 3 号、4 人员准备好没有，准备好之后，1 号、2 号救援人员下口令：“一，二，三，传” ⑤四名救援人员将担架向前传递四十厘米，1 号、2 号救援人员用跪着的膝盖固定担架下滑，然后喊“固定” ⑥3 号、4 号队员听到“固定”的口令后，移动到担架侧面，恢复到刚开始传递位置，保护担架

续表

狭小空间内的担架移动	①使用两名救援人员 ②强烈推荐使用SKED卷式担架 ③抬起伤者并放置在担架上 ④束紧担架的固定带以保护伤者 ⑤如有必要，提供头盔和防尘口罩给予伤者 ⑥两名救援人员应分别在担架的前端和末端 ⑦一名救援人员在担架的末端推动，而另一名救援人员则在前端拉动担架

(三) 临时担架的制作

图 8—2—7　临时担架的制作

当进行救援行动时，大量的伤亡人数可能令现场资源不足，为了尽快把伤员撤离灾害现场，救援人员要利用备用器材及灾害现场可以利用的物质就地取材来制作一些担架，称为临时担架。

使用临时担架来搬运伤员，只是权宜之计，一旦有了正式的担架可供使用应放弃采用临时担架，灾害现场可供制作临时担架的物质很多，只要是安全并能达到目的，皆可采用。

练一练

1.简述几种常用担架的技术参数及性能特点。

2.动手操作：掌握担架的搬运要点及担架的搬运方法。

第三节　伤员的徒手搬运

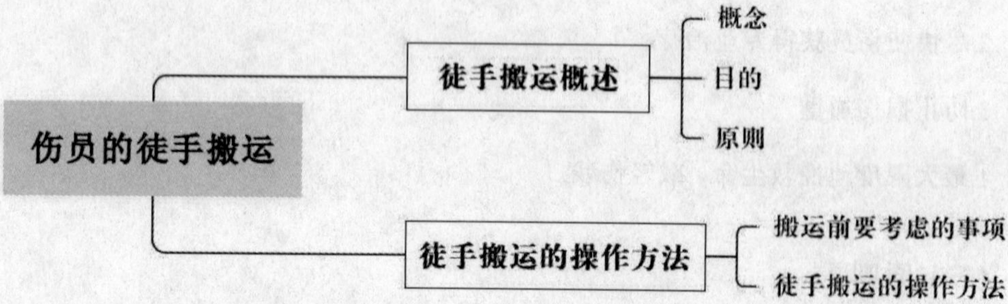

一、徒手搬运概述

（一）概念

搬运的方法：常用的搬运有徒手搬运和担架搬运两种。可根据伤者的伤势轻重和运送的距离远近而选择合适的搬运方法。徒手搬运法适用于伤势较轻且运送距离较近的伤者，担架搬运适用于伤势较重，不宜徒手搬运，且需转运距离较远的伤者。

图 8—3—1　徒手搬运

救援人员的首要工作，是进行初步侦察及搜索，以确定伤员的数量、位置及所需要的援助，其间可能发现一些伤势较轻的伤员，只需较少的协助，便能撤离危险灾害环境。

徒手搬运包括如何将伤员从受伤现场搬出，以及现场救护后救护车等护送到医院两个方面。如从汽车驾驶室内、倒塌的建筑物内、狭窄的坑道、旅游景点、家庭住宅区等搬出伤员。

（二）目的

1.使伤员脱离危险区，实施现场救护。

2.尽快使伤员获得专业治疗。

3.防止损伤加重。

4.最大限度地挽救生命，减轻伤残。

（三）原则

1.迅速观察受伤现场并判断伤情。

2.做好伤员现场的救护，先救命后治伤。

3.先止血、包扎、固定后再搬运。

4.伤员体位要适宜、舒服。

5.不要无目的地移动伤员。

6.保持脊柱及肢体在一条轴线上，防止损伤加重。

7.动作要轻巧、迅速，避免不必要的搬动。

8.注意伤情变化，并及时处理。

二、徒手搬运的操作方法

（一）搬运前要考虑的事项

1.伤员受伤性质及严重程度。

2.救援人员的体力。

3.在场能协助搬运的人数。

4.撤离路线的情况。

5.搬运路程的长短。

(二)徒手搬运的操作方法

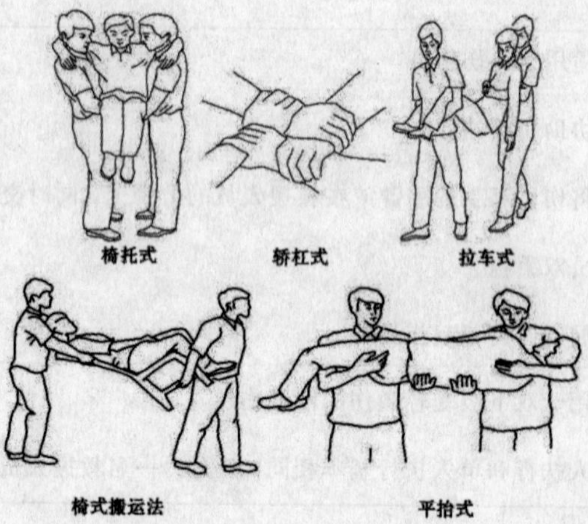

图 8－3－2　徒手搬运的操作方法

单人扶行	用来扶助伤势轻微的清醒伤员 ①救援人员位于伤员受伤身体一侧，将伤员靠近救援人员一侧的手臂抬起，置于救援人员颈部 ②救援人员外侧的手紧握伤员的手臂，另一只手扶其腰 ③伤员身体略靠住救援人员
拖行法	现场环境危险，必须将伤员移到安全区域 ①救援人员位于伤员的背后 ②将伤员的双侧手臂横于胸前 ③救援人员的双臂置于伤员的腋下，双手紧紧抓住伤员的手臂 ④将伤员的外衣扣解开，衣服从背后反折，中间段托住颈部，缓慢向后拖行

续表

爬行法	适用于在狭小的空间及火灾烟雾现场的伤员 ①将伤员的双手用布带捆绑于胸前 ②救援人员骑跨于伤员躯干两侧，将伤员的双手套于救援人员颈部 ③使伤员的头、颈、肩部离开地面，救援人员双手着地或一手保护伤员头颈部，一手着地
背负式	不适用于外伤伤员 ①协助伤员站立 ②将伤员双手的手臂放在救援人员的肩膀上，同时交叉越过胸部，救援人员紧握伤员双手腕 ③屈身向前背起伤员
双人扶行	适用于双下肢受轻微伤的清醒伤员 双人扶行和单人扶行基本相同，只是另一名救援人员在伤员的另一方
椅托式	可适用于清醒和昏迷的伤员 ①两名救援人员跪在伤员的两旁，把伤员置于坐下姿势，手臂在伤员的膝盖下握紧（紧握对方的手腕） ②救援人员另外的手臂从伤员背后交叉紧握伤员的腰带或衣服
四手座	仅适用于清醒的伤员 ①两名救援人员面对面站于伤员的背后，呈蹲位 ②各自用右手紧握左手腕，左手再紧握对方右手腕形成座位 ③伤员将两手分别放在救援人员颈后，坐在手座上
前抬后抱	此方式同时适于清醒和昏迷的伤者，但要注意保护患者的外伤部位 ①两名救援人员把伤员变换成坐下姿势（一名救援人员单膝跪于伤员头部，双手掌握住伤员的双侧斜方肌，保护伤员的颈部。另一名救援人员将伤员双手在胸前交叉，握住伤员手腕，协助另一名救援人员同时用力将伤员变换成坐下姿势）

续表

前抬后抱	②一名救援人员把手放在伤员的腋窝下并抓紧伤员相反的手腕 ③另一名救援人员抓紧伤员的足踝或膝盖
多人搬运 （三人搬运）	适用于将伤员抬高放于担架内 ①三名救援人员位于伤员的一侧，靠近伤员头部的腿单膝跪下，使小腿与地面保持垂直 ②一人位于伤员的头胸部（保护伤员颈部），一人位于髋部，一人位于腿部 ③三名救援人员双手从伤员身下穿过，同时用力，抬起伤员放于救援人员的大腿上 ④由保护头部的救援人员任队长发号施令
毛毯担抬法	适用于狭小空间内伤员无骨折而伤势严重者 ①两名救援人员将毛毯卷至半幅放在地上，卷边靠近伤员 ②其余两名救援人员双手交叉，分别抓紧伤员一边的肩部、腰部、髋部和小腿部，合力将伤员侧翻，使毛毯尽量塞进伤员背部 ③完成后将伤员翻回原位，再将毛毯两边紧紧卷向伤员，并使毛毯紧贴伤员身体 ④四名救援人员同样以交叉手法，分别抓住卷紧后毛毯平头、腰、髋、踝处，同时用力抬起伤员

练一练

1.简述徒手搬运的原则及目的。

2.动手操作：掌握徒手搬运的操作方法。

第四节　救援环境中的移动方法

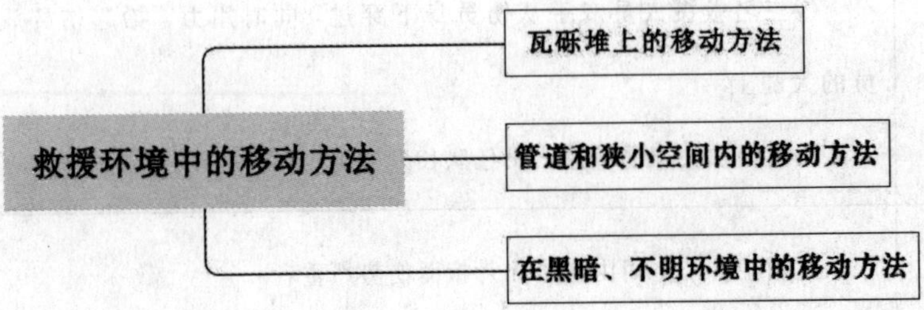

一、瓦砾堆上的移动方法

使用三点式，在移动的时候救援人员身体的双手和双脚必须有三点停留在瓦砾堆上：

1.原则是三点不动，一点动；

2.救援人员身体重心要保持低位，不允许在瓦砾堆上站立；

3.当每一次进行移动时，必须检查下手和落脚点是否稳固；

4.当进行水平横行移动时，不允许交叉手脚，以防止在瓦砾堆上摔倒；

5.提防瓦砾的掉落；

6.向下移动时，所有姿势和向上相同，从两腿之间或腋下观察向下移动的路线；

7.地面应设置安全员和指挥员，引领瓦砾堆上救援人员安全移动。

二、管道和狭小空间内的移动方法

1.进入管道之前，应先检查结构是否安全或是否存在有毒气体；

2.进入之后大声呼喊，表明自己的身份；

3.行动时用手、膝盖和双脚（六点）缓慢地爬行，同时要提醒后方的队友需要注意的地方，如空间不足可用八点着地的方式前行；

4.向前移动的同时，双手要呈外八字形在身体前方划过头顶（注：手背向外，碰到有电物体时可迅速收回）试探前方有无危险；

5.站立时应尽量把身体放低，保持低重心。

三、在黑暗、不明环境中的移动方法

1.进入之前评估整体建筑是否安全；

2.如要开启不明门户时，先用手背检查门板（上、中、下）位置的温度，确认建筑体内有无燃烧情况以及燃烧的态势；

3.确认之后救援人员的前脚稳固在一侧门约三分之二处，以防止门的摆动（因为门内可能由于起火而产生不同的气压或气流），如发现危险应立即把门关上；

4.前方救援人员要把自己的重心放在后腿；

5.另一名救援人员从后面做保护，抓紧前方救援人员的腰带，同时尽量将自己的重心放在后腿，如前方救援人员有危险则可以迅速拉回安全处；

6.进入门户时，应留心上方坠落物和脚下的地板是否坍塌或悬空，并大声呼喊表明自己的身份；

7.在向前移动时，救援人员的身体要挨近墙壁前行，一只手臂向前作上下挥动，挥动的幅度要高于自己的面部（手背向外，接触到有电物体时可迅速收回），在行进的同时靠近墙壁一侧的脚作正常移动，另一只脚则要向前试探着点地前行防止有踩空的危险发生（后方队员要时刻紧抓半前方队员的腰带，双手和脚不必重复前方队员的动作，将注意力集中在保护前方队员上面）。

思考、拓展

查阅资料：搜集有关伤员搬运中的资料，说说不同救援环境中的移动方法及注意事项。

参考文献

[1]赵正宏.应急救援基础知识[M].北京：中国石化出版社，2019.

[2]朱鹏，张益，丁玮.事故管理与应急处置[M].北京：中国石化出版社，2018.

[3]李雪峰.应急管理通论[M].北京：中国人民大学出版社，2020.

[4]王宏伟.新时代应急管理通论[M].北京：应急管理出版社，2019.

[5]朱鹏，张益，丁玮.事故管理与应急处置[M].北京：化学工业出版社，2018.

[6]易俊，黄文祥.事故应急救援[M].北京：中国劳动社会保障出版社，2016.

[7]消防局警官培训基地.山林矿难及自然灾害应急救援[M].北京：中国人民公安大学出版社，2018.

[8]武警交通指挥部司令部.应急救援实用知识手册[M].北京：人民交通出版社，2017.

[9]赵正宏.应急救援典型案例精析[M].北京：中国石化出版社，2019.

[10]孙维生.化学事故应急救援[M].北京：化学工业出版社，2008.

[11]胡忆沩.危险化学品应急处置[M].北京：化学工业出版社，2009.

[12]孙玉枝，夏登友.危险化学品应急救援与处置[M].北京：化学工业出版社，2008.

[13]秦琦.电力应急救援技术手册[M].北京：中国电力出版社，2016.

[14]陈月，蔡文强.应急管理概论[M].北京：中国法治出版社，2015.